数学思维秘籍

图解法学数学，很简单

① 图解算学

刘嘉

四川教育出版社

图书在版编目（CIP）数据

数学思维秘籍：图解法学数学，很简单. 1, 图解算
学 / 刘薰宇著. -- 成都：四川教育出版社, 2020.10
ISBN 978-7-5408-7414-8

Ⅰ. ①数… Ⅱ. ①刘… Ⅲ. ①数学—青少年读物
Ⅳ. ①O1-49

中国版本图书馆CIP数据核字(2020)第147840号

数学思维秘籍　图解法学数学，很简单　1 图解算学
SHUXUE SIWEI MIJI TUJIEFA XUE SHUXUE HEN JIANDAN 1 TUJIE SUANXUE

刘薰宇　著

出 品 人　雷　华
责任编辑　吴贵启
封面设计　郭红玲
版式设计　石　莉
责任校对　林蓓蓓
责任印制　高　怡
出版发行　四川教育出版社
地　　址　四川省成都市黄荆路13号
邮政编码　610225
网　　址　www.chuanjiaoshe.com
制　　作　大华文苑（北京）图书有限公司
印　　刷　三河市刚利印务有限公司
版　　次　2020年10月第1版
印　　次　2020年11月第1次印刷
成品规格　145mm×210mm
印　　张　4
书　　号　ISBN 978-7-5408-7414-8
定　　价　198.00元（全10册）

如发现质量问题，请与本社联系。总编室电话：（028）86259381
北京分社营销电话：（010）67692165　北京分社编辑中心电话：（010）67692156

前 言

　　为了切实加强我国数学科学的教学与研究，科技部、教育部、中科院、自然科学基金委联合制定并印发了《关于加强数学科学研究工作方案》。方案中指出数学实力往往影响着国家实力，几乎所有的重大发现都与数学的发展与进步相关，数学已经成为航空航天、国防安全、生物医药、信息、能源、海洋、人工智能、先进制造等领域不可或缺的重要支撑。这充分表明国家对数学的高度重视。

　　特别是随着大数据、云计算、人工智能时代的到来，在未来生活和生产中，数学更是与我们息息相关，数学科学和人才尤其重要。华为公司创始人兼总裁任正非曾公开表示："其实我们真正的突破是数学，手机、系统设备是以数学为中心。"

　　数学是一门通用学科，是很多学科与科学的基础。在未来社会，数学将是提高竞争力的关键，也是国家和民族发展繁荣的抓手。所以，数学学习应当从娃娃抓起。

　　同时，数学是一门逻辑性非常强而且非常抽象的学科。让数学变得生动有趣的关键，在于教师和家长能正确地引导孩子，精心设计数学教学和辅导，提高孩子的学习兴趣。在数学教学与辅导中，教师和家长应当采取多种方法，充分调动孩子的好奇心和求知欲，使孩子能够感受学习数学的乐趣和收获成功的喜悦，从而提高他们自主学习和解决问题的兴趣与热情。

为了激发广大少年儿童学习数学的兴趣，我们特别推出了《数学思维秘籍》丛书。它集中了我国著名数学教育家刘薰宇的数学教学经验与成果。刘薰宇老师1896年出生于贵阳，毕业于北京高等师范学校数理系，曾留学法国并在巴黎大学研究数学，回国后在许多大学任教。新中国成立后，刘老师曾担任人民教育出版社副总编辑等职。

刘老师曾参与审定我国中小学数学教科书，出版过科普读物，发表了大量数学教育方面的论文。著有《解析几何》《数学的园地》《数学趣味》《因数与因式》《马先生谈算学》等。他将数学和文学相结合，用图解法直接解答有关数学问题，非常生动有趣。特别是介绍数学理论与方法的文章，通俗易懂，既是很好的数学学习导入点，也是很好的数学启蒙读物，非常适合中小学生阅读。

刘老师的作品对著名物理学家、诺贝尔奖得主杨振宁，著名数学家、国家最高科学技术奖获得者谷超豪，著名数学家齐民友，著名作家、画家丰子恺等都产生过深远影响，他们都曾著文记述。杨振宁曾说，曾有一位刘薰宇先生，写过许多通俗易懂和极其有趣的数学文章，自己读了才知道排列和奇偶排列这些极为重要的数学概念。谷超豪曾说，刘薰宇的作品把他带入了一个全新的世界。

在当前全国掀起学习数学热潮的大好形势下，我们在忠实于原著的基础上，对部分语言进行了更新；对作品进行了拆分和优化组合，且配上了精美插图；更重要的是，增加了相应的公式定理、习题讲解、奥数试题、课外练习及参考答案等。对原著内容进行的丰富和拓展，使之更适合现代少年儿童阅读、理解和运用，从而更好地帮助孩子开拓数学思维。相信本书将对广大少年儿童、教师以及家长具有较强的启迪和指导作用。

目 录

◆ 速算的口诀与技巧

学年成绩公布不久的一个下午，八年级的两个学生李大成和王有道，在教员休息室的门口站着说开了。

李："真危险，这次的算学平均只有 59.5 分，若不是四舍五入，就不及格了，又得补考了。你的算学真好，总是 90 多分、100 分！"

王："我的地理不及格，下学期一开学就得补考，这个暑假玩也玩不痛快了。"

李："地理？很容易啊！"

王："你自然觉得容易呀，我却真不行，看起地理来，总觉得无聊，一点趣味也没有，无论勉强看了多少次，总是记不完全。"

李："你的悟性好，所以记忆力不行，我死记东西倒还容易，要想解答算学题，那太难了，简直不知道从哪里想起。"

王："所以，我主张文科和理科一定要分开，喜欢哪一科就专学哪一科，既能专心，也免得白费力气去弄些毫无趣味又不相干的东西。"

李大成虽然没有回答，但是好像默认了这个意见。坐在教员休息室里，看着报纸的算学老师马先生已然听见了他们的谈话。

李大成和王有道在班上都算是用功的，马先生对他们也有相当的好感。因此，想对他们的意见加以纠正，便叫他们到休息室里，带着微笑问李大成："你对于王有道的主张有什么意见？"

这一问，李大成直觉地感到马先生一定不赞同王有道的意见，但是他并没有领会到什么理由，因而犹豫了一阵回答道："我觉得这样更方便些。"

马先生微微摇了摇头，表示不同意："方便？也许你们这时年轻，在学校里的时候觉得方便，要是依照你们的意见去做，将来就会感到非常不方便了。"

马先生接着说："你们要知道，初中的课程这样规定，是经过了若干年的经验和若干专家研究的。各科所教的都是做一个现代人不可缺少的常识，不但是人人必需，也是人人能领受的……"

虽然李大成和王有道平日对于马先生的学识和耐心教导很是敬仰，但是对于他说的这"人人必需"和"人人能领受"却很怀疑。

不过两人的怀疑略有不同，王有道认为地理就不是人人必需；而李大成却认为算学不是人人能领受。当他们听了马先生的话后，各自的脸上都露出了不以为然的神气。

马先生接着对他们说："我知道你们不会相信我的话。王有道，是不是？你一定以为地理就不是必需的。"

王有道望一望马先生，没有回答。马先生接着说："但是

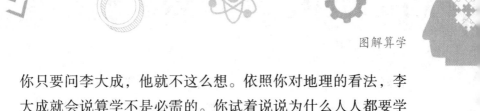

你只要问李大成，他就不这么想。依照你对地理的看法，李大成就会说算学不是必需的。你试着说说为什么人人都要学算学呢？"

王有道不假思索地回答："一来我们日常生活离不开数量的计算；二来它可以训练我们，使我们变得更加聪明。"

马先生点头微笑说："这话有一半对，也有一半不对。第一点，你说因为日常生活离不开数量的计算，所以算学是必需的。这话自然很对，但是看法也有深浅不同。"

马先生接着说："从深处说，恐怕不但是对于算学没有兴趣的人不肯承认，就是你在你这个程度也不能完全认可，我们姑且丢开。就浅处说，自然买油、买米都用得到它，不过中国人靠一个算盘，懂得'小九九'，就活了几千年，何必要学代数呢？平日买油、买米哪里用得到解方程呢？

"我承认你的话是对的，不过同样的看法，地理也是人人必需的。从深处说，我们姑且也丢开，就只从浅处说。你总承认做现代的人，每天都要看新闻，如果你没有充足的地理知识，你看了新闻，能够真正懂得吗？

"阿比西尼亚（埃塞俄比亚）在什么地方？为什么意大利一定要征服它？为什么意大利起初攻打阿比西尼亚的时候，许多国家要对它施以经济的制裁？到它居然征服了阿比西尼亚的时候，又把制裁取消了呢？类似这种新闻，没有点地理知识是不会真正明白的。

"至于第二点，'算学可以训练我们，使我们变得更加聪明'，这话只有前一半是对的，后一半却是一种误解。

"所谓训练我们，只是使我们养成一些做学问和事业的良好习惯。如注意力要集中，要始终如一，要不苟且，要有耐心，要有秩序，等等。这些习惯，本来人人都可以养成，不过需要有训练的机会，学算学就是把这种机会给了我们。

"但是切不可误解了，以为只是学算学有这样的机会。学地理又何尝不是呢？各种科学都是建立在科学方法上的，只是探索的对象不同。算学是科学，地理也是科学，只要把它当成一件事做，认认真真地学习，都可以养成许多好习惯。

"只有说到使人变得聪明，一般人确实有这样的误解，以为只有学算学能够做到。其实，一个人初学算学的时候，思索一个题目的解法非常困难，随着学得越来越多，思索起来就越容易，这不过是逐渐熟练的结果，并不是什么聪明。

"学地理的人，看地图和描地图的次数多了，提起笔来画一个国家地图的轮廓，形状大致可观，这不是初学地理的人能够做到的，也不是什么变得更聪明了。

"你们总应该承认在初中文理分科是不妥当的吧！"马先生用这句话来做了结束。

对于这些议论，王有道和李大成虽然不反对，但只认为是马先生鼓励他们对于各科都要用功的话。因为他们觉得有些科目性质不相近，无法领受，与其白费力气，不如索性不学。

尤其是李大成认为算学实在不是人人所能领受的，于是他向马先生提出这样的质问："算学，我也知道人人必需，只是性质不相近，一个题目往往一两个小时做不出来，所以觉得还不如把时间留给其他学科。"

"这自然是如此，与其费了时间，毫无所得，不如做点别的。王有道看地理的时候，他一定觉得毫无趣味，看一两遍，时间费去了，仍然记不住，倒不如多演算两个题目。但是这都是偏见，学起来没有趣味，以及得不出什么结果，你们应当想，这不一定是科目的关系。

"至于性质不相近，不过是一种无可奈何的说明，人的脑细胞并没有分成学算学和学地理两种。据我看来，学起来不感兴趣，便常常不去亲近它，因此越来越觉得和它不能相近。至于学着不感兴趣，大概是不得其门而入的缘故，这是学习方法的问题。

"就拿地理说，现在是交通发达、整个世界息息相通的时代，用新闻来做引导，我想，学起来津津有味，也就容易记住了。把地图、地理教科书和与其相关的新闻对照起来读，就活泼有趣了。

"又如，中国参加世界运动会的选手的行程，不是从上海出发起，每到一处都发来电报和通信吗？如果是一面读电报，一面用地图和地理教科书作参证，那么从中国到德国的这条路线，你就可以完全明了而且容易记牢了。

"用现时发生的事件来做线索去读地理，我想这正和读《西游记》一样。你读《西游记》不会觉得枯燥、无趣，读了以后，就知道从中国到印度在唐朝时要经过什么地方。这只是举例的说法。

"《西游记》中有唐三藏、孙悟空、猪八戒，中国参加世运团中有院长、铁牛、美人鱼，他们的行程不正是一部最新改

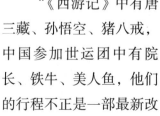

编版的《西游记》吗？'随处留心皆学问'，这句话用到这里，再确切不过了。

"总之，读书不要过于受教科书的束缚，否则才会枯燥无味，也可以得到鲜活的知识。"

王有道听了这番话，脸上露出心领神会的表情，快活地问道："那么，学校里教地理为什么要用一本死板的教科书呢？如果每次用一段新闻来讲不是更好吗？"

"这是理想的办法，但是事实上有许多困难。地理也是一门科学，它有它的体系，新闻所记录的事件，并不是按照这个体系发生的，所以不能用它作为材料来教授。

"一切课程都是如此，教科书是有体系的基本知识，是经过提炼和组织的，所以是死板的，和字典、辞书一样。求得鲜活知识要以当前所遇见的现象作线索，而用教科书作参证。"

李大成原是对地理有兴趣而且成绩很好，听到马先生这番议论，不觉心花怒放，但是同时也有一个疑问。他感到困难的算学，照马先生的说法，自然是人人必需，无可否认的了。

但是，怎样才是人人能领受的呢？怎样可以用活泼的现象作为线索去学习呢？难道碰见一个龟鹤算的题目，硬要去捉些乌龟、白鹤摆来看吗？并且这样的傻事，他也曾经做过，但是一无所得。

李大成计算"大小二数的和是30，差是4，求二数"这个

题目的时候，曾经用 30 枚硬币放在桌上来试验。先将 4 枚硬币放在左手里，然后两手同时从桌上把剩下的硬币一枚一枚地拿到手里。到拿完时，左手是 17 枚，右手是 13 枚，因而他知道大数是 17，小数是 13。

但是李大成不能从这试验中写出算式（30－4）÷2＝13 和 13＋4＝17 来。他知道马先生对于学习地理的意见是非常好的，可为什么没有同样的方法指导他们学习算学呢？

李大成于是就向马先生提出了这个疑问："地理，这样学习，自然人人可以领受了，难道算学也可以这样学吗？"

"可以，可以！"马先生毫不犹豫地回答，"不过内在相同，情形各异罢了。我最近正在思索这种方法，已经略有所得。好！就让我来把你们作为第一次试验吧！"

"今天我们谈话的时间很久了，好在你们和我一样，暑假里都不到什么地方去，以后我们每天来谈一次。"

"我觉得学算学需要弄清楚算术，所以我现在注意的全是学习解答算术问题的方法。算术的基础打得好，对于算学自然有兴趣，进一步去学代数、几何也就不难了。"

从这次谈话的第二天起，王有道和李大成还约了几个同学，每天都来听马先生讲课。后面的"数量关系巧分清""巧妙画线算乘法"等便是李大成的笔记，经过他和王有道的斟酌而修正过的内容。

速算口诀与例题

1. 十位数都是"1"

口诀：头是1，尾加尾，尾乘尾（满10要进位）。

例1：12×14＝

解： 1×1＝1　　2+4＝6　　2×4＝8　　12×14＝168

例2：14×17＝

解： 1×1＝1

4+7＝11（十位上的1进位，与头1相加为2）

4×7＝28（2进位，与前1相加为3）

14×17＝238

2. 个位数都是"1"

口诀：头乘头，头加头（满10要进位），尾是1。

例1：21×41＝

解： 2×4＝8　　　2+4＝6　　　1×1＝1　　21×41＝861

例2：41×71＝

解： 4×7＝28　　4+7＝11（1进位，与前8相加为9）

41×71＝2911

3. 个位数都是"9"

口诀：头数各加1，相乘再乘10，减去相加数，最后再放1。

例1：$39 \times 59 =$

解：$3+1=4$　　　$5+1=6$　　　$4 \times 6 \times 10 = 240$

　　$4+6=10$　　$240-10=230$　　$39 \times 59 = 2301$

例2：$79 \times 49 =$

解：$7+1=8$　　　$4+1=5$　　　$8 \times 5 \times 10 = 400$

　　$8+5=13$　　$400-13=387$　　$79 \times 49 = 3871$

4. 十位数都是"9"

口诀：前为两个个位数与80之和，后为10与两个个位数之差的积，且占两位。

例1：$91 \times 94 =$

解：$1+4+80=85$　　$10-1=9$　　$10-4=6$

　　$9 \times 6 = 54$　　　$91 \times 94 = 8554$

例2：$97 \times 98 =$

解：$7+8+80=95$　　$10-7=3$　　$10-8=2$

　　$3 \times 2 = 6$　　　$97 \times 98 = 9506$

5. 头相同，尾互补（尾相加等于10）

口诀：一个头加1后，头乘头，尾乘尾。

例1：$23 \times 27 =$

解：$2+1=3$　　$2 \times 3=6$　　$3 \times 7=21$　　$23 \times 27 = 621$

例2：$84 \times 86 =$

解：$8+1=9$　　$8 \times 9=72$　　$4 \times 6=24$　　$84 \times 86 = 7224$

注意：个位相乘，不够两位数要用0占位。

6. 一个乘数数字互补，另一个乘数数字相同

　　　　口诀："互补"头加1后，头乘头，尾乘尾，且占两位。

例1：$37 \times 44 =$

解：$3 + 1 = 4$　　　$4 \times 4 = 16$　　　$7 \times 4 = 28$　　　$37 \times 44 = 1628$

例2：$91 \times 77 =$

解：$9 + 1 = 10$　　　$10 \times 7 = 70$　　　$1 \times 7 = 7$　　　$91 \times 77 = 7007$

注意：个位相乘，不够两位数要用0占位。

7. 头互补，尾相同

　　　　口诀：头乘头加尾，尾乘尾占两位。

例1：$32 \times 72 =$

解：$3 \times 7 + 2 = 23$　　　$2 \times 2 = 4$　　　$32 \times 72 = 2304$

例2：$87 \times 27 =$

解：$8 \times 2 + 7 = 23$　　　$7 \times 7 = 49$　　　$87 \times 27 = 2349$

8. 11乘任意数

　　　　口诀：首尾不动下落，中间之和下拉。

例1：$11 \times 1243 =$

解：$1 + 2 = 3$　　　$2 + 4 = 6$

　　$4 + 3 = 7$　　　1和3分别在首尾

　　$11 \times 1243 = 13\,673$

例2：$11 \times 23\,125 =$

解：$2 + 3 = 5$　　　$3 + 1 = 4$　　　$1 + 2 = 3$

$$2+5=7 \quad \text{2和5分别在首尾}$$
$$11 \times 23\,125 = 254\,375$$

注意：满十进位。

9. 十几乘任意数

口诀：另一个乘数首位不动向下落，数"十几"的个位乘另一个乘数高位起的每个数字，并加下一位数，再向下落。

例1：$13 \times 326 =$

解： 13的个位是3　　$3 \times 3 + 2 = 11$（满十进位）

　　　$3 \times 2 + 6 = 12$　　$3 \times 6 = 18$　　326的首位是3

　　　$13 \times 326 = 4238$

例2：$18 \times 489 =$

解： 18的个位是8　　$8 \times 4 + 8 = 40$（满十进位）

　　　$8 \times 8 + 9 = 73$　　$8 \times 9 = 72$　　489的首位是4

　　　$18 \times 489 = 8802$

速算技巧与例题

学习数学离不开计算，计算能力是最基本的数学能力。那么，学好速算的方法有哪些呢？

1. 充分利用五大定律

充分利用计算的五大定律，即加法交换律、加法结合律、乘法交换律、乘法结合律、乘法分配律，以弄清来龙去脉，训练自觉运用简便方法，能够针对不同题型灵活选择简便方法，从而正确而快捷地进行计算。

2. 巧妙运用"首同尾合十"

"首同尾合十"是指两个两位数，它们的十位数相同，而个位数相加的和是 10。利用"首同尾合十"的两个两位数相乘，积的右边的两位数正好是个位数的乘积，积的左边的数正好是十位上的数乘比它大 1 的数的积，合并起来就是它们的乘积。

例：$54 \times 56 = 3024$，$81 \times 89 = 7209$。

3. 留心"左右两数合并法"

任意的两位数乘 99，或任意的三位数乘 999 的速算法叫作"左右两数合并法"。

（1）一个任意两位数乘 99 的巧算方法是：将这个任意的两位数减去 1，作为积的左边两位数；再将 100 减去这个任意两位数的差作为积的右边两位数。合并起来就是它们的积。

例：$62 \times 99 = 6138$，$48 \times 99 = 4752$。

（2）一个任意三位数乘 999 的巧算方法是：将这个任意的三位数减去 1，作为积的左边三位数；再将 1000 减去这个任意三位数的差作为积的右边三位数。合并起来就是它们的积。

例：$781 \times 999 = 780\,219$，$396 \times 999 = 395\,604$。

4. 利用分数与除法的关系来巧算

在一个只有二级运算的题里，按照顺序计算需要多步计算，利用分数与除法的关系进行计算就会比较简便。

例：$24 \div 18 \times 36 \div 12$

$= (24 \div 18) \times (36 \div 12)$

$$=\frac{24}{18} \times \frac{36}{12}=4 。$$

5. 利用"扩缩规律"进行简算

有些除法计算题直接计算比较烦琐，而且容易算错，利用"扩缩规律"进行合理变形，可以找到简便的解决方法。

例：$7 \div 25 = (7 \times 4) \div (25 \times 4) = 28 \div 100 = 0.28$，

$24 \div 125 = (24 \times 8) \div (125 \times 8) = 192 \div 1000 = 0.192$。

6. 数字颠倒的两、三位数减法巧算

比如73与37、185与581等数称为"数字颠倒"的两、三位数。巧算方法为：

（1）数字颠倒的两位数减法，可以用两位数中的大数减去小数，再乘9，积就是它们的差。

例：$73 - 37 = (7 - 3) \times 9 = 36$，$82 - 28 = (8 - 2) \times 9 = 54$。

（2）数字颠倒的三位数减法，可以用较大的三位数中百位上的数减去个位上的数，再乘9，乘积分两边，中间填上9，就是它们的差。

例：$851 - 158$中较大数为851，其百位和个位上的数分别为8和1，所以$(8 - 1) \times 9 = 63$。所以$851 - 158 = 693$。

7. 用"添零加半"的方法巧算

一个数乘15的速算方法叫作"添零加半"。

例：26×15将26后面添0得260，再加上260的一半130，即$260 + 130 = 390$，所以$26 \times 15 = 390$。

8. 用"两边拉中间加"的方法速算

任何数同11相乘，只要把原数的个位移到积的个位位置，最高位移到积的最高位位置，中间的数分别是个位上的数

加十位上的数的和就是十位，十位上的数加百位上的和就是百位……相加数的和满十要向前一位数进一。

例：$124 \times 11 = 1364$，$568 \times 11 = 6248$。

9. 用"十加个减法"速算

"十加个减法"就是任意两位数加上9的和，可以把这个两位数变成十位加1、个位减1的数。

例：$36 + 9 = 45$，$17 + 9 = 26$。

这种计算技巧比较适合低年级的小学生。

奥数速算与例题

1. 加减法速算

（1）补数的概念。

补数是指从10，100，1000，…中减去某一数后所剩下的数。例如10减去9等于1，因此9的补数是1；反过来，1的补数是9。

（2）补数的应用。

在速算方法中常常用到补数。例如求两个接近100的数的加法或减法，便将看起来复杂的减法运算转为简单的加法运算等。

2. 除法速算

某数除以5、25、125时，被除数÷5＝被除数÷（10÷2）＝被除数÷10×2＝被除数×2÷10；被除数÷25＝被除数×4÷100＝被除数×2×2÷100；被除数÷125＝被除数×8÷1000＝被除数×2×2×2÷1000。

在加、减、乘、除四则运算中，除法是最麻烦的一项，即便使用速算法，很多时候也要加上笔算才能更快更准地算出答案。

3. 乘法速算

（1）十位是1的两位数相乘。

方法是：一个数的个位数与另一个乘数相加，得数为前积；两个乘数的个位数相乘，得数为后积，满十进位。

例1：15×17＝

解： 5＋17＝22（前积）　　5×7＝35（后积，满十进位）

　　15×17＝255

解释：15×17＝15×（10＋7）

　　　　＝15×10＋15×7

　　　　＝150＋（10＋5）×7

　　　　＝150＋70＋5×7

　　　　＝（150＋70）＋（5×7）

注意：为了提高速度，熟练以后可以直接用"15＋7"，而不用"150＋70"。

例2：17×19＝

解： 17＋9＝26（前积）　　7×9＝63（后积，满十进位）

　　260＋63＝323

（2）个位是1的两位数相乘。

方法是：十位与十位相乘，得数为前积；十位与十位相加，得数接着写，满十进位；在最后添上1。

例1：51×31＝

解： 50×30＝1500　　50＋30＝80

因为 $1 \times 1 = 1$，所以最后一位一定是1，在得数的后面添上1，即 $51 \times 31 = 1581$。

数字"0"在不熟练的时候作为助记符，熟练后就可以不使用了。

例2：$81 \times 91 =$

解：$8 \times 9 = 72$　　$8 + 9 = 17$（满十进位）　　$1 \times 1 = 1$

　　　$81 \times 91 = 7371$

（3）十位相同，个位不同的两位数相乘。

方法是：一个乘数加上另一个乘数的个位数，和与十位数整数相乘，积作为前积；个位数与个位数相乘作为后积加上去（满十进位）。

例1：$43 \times 46 =$

解：（$43 + 6$）$\times 4 = 196$（前积）

　　　$3 \times 6 = 18$（后积，满十进位）

　　　$43 \times 46 = 1978$

例2：$89 \times 87 =$

解：（$89 + 7$）$\times 8 = 768$（前积）

　　　$9 \times 7 = 63$（后积，满十进位）

　　　$89 \times 87 = 7743$

（4）首位相同，两尾数和等于10的两位数相乘。

方法是：十位数加1，得出的和与十位数相乘，得数为前积；个位数相乘，得数为后积，没有十位用0补。

例1：$56 \times 54 =$

解：（$5 + 1$）$\times 5 = 30$（前积）　　$6 \times 4 = 24$（后积）

　　　$56 \times 54 = 3024$

例2：71×79=

解：（7+1）×7=56（前积） 1×9=9（后积）

71×79=5609

（5）首位相同，尾数和不等于10的两位数相乘。

方法是：两首位相乘，即求首位的平方，得数作为前积；两尾数的和与首位相乘，得数作为中积，满十进位；两尾数相乘，得数作为后积。

例：56×58=

解：5×5=25（前积）

（6+8）×5=70（中积，满十进位）

6×8=48（后积，满十进位） 56×58=3248

注意：得数的排序是右对齐，就是向个位对齐。这个原则非常重要。

（6）一个乘数首尾相同，另一个乘数首尾和是10的两位数相乘。

方法是：首尾和是10的乘数首位加1，得出的和与另一个乘数的首位相乘，得数为前积；两尾数相乘，得数为后积，没有十位用0补。

例1：66×37=

解：（3+1）×6=24（前积） 6×7=42（后积）

66×37=2442

例2：82×33=

解：（8+1）×3=27（前积） 2×3=6（后积）

82×33=2706

（7）两首位和是10，两尾数相同的两位数相乘。

方法是：两首位相乘，积加上一个尾数，得数作为前积；两尾数相乘，即尾数的平方，得数作为后积，没有十位用0补。

例1：78×38＝

解： 7×3+8＝29（前积）　　8×8＝64（后积）

78×38＝2964

例2：23×83＝

解： 2×8+3＝19（前积）　　3×3＝9（后积）

23×83＝1909

4．平方速算

（1）求11至19的平方。

方法是：底数的个位数与底数相加，得数为前积，底数的个位数的平方为后积，满十进位。

例1：17×17＝

解： 17+7＝24（前积）　　7×7＝49（后积，满十进位）

17×17＝289

（2）21至50的平方。

方法是：求25至50的两位数的平方，用底数减去25，得数为前积；50减去底数所得的差的平方作为后积，满百进位，没有十位用0补。

在这个范围内有四个数是关键，在求25至50之间的两位数的平方时，若把它们记住了，则可以很省事了。

它们是： 21×21＝441

22×22＝484

23×23＝529

24×24＝576

例1：$37 \times 37 =$

解：$37 - 25 = 12$（前积）

$(50 - 37)^2 = 169$（后积，满百进位）

$37 \times 37 = 1369$

注意：底数减去25后，要记住在得数后面留两个位置给十位和个位。

例2：$26 \times 26 =$

解：$26 - 25 = 1$（前积）

$(50 - 26)^2 = 576$（后积，满百进位）

$26 \times 26 = 676$

（3）个位是1的两位数的平方。

方法是：底数的十位数的平方为前积，底数的十位数为后积，在个位加1。

例：$71 \times 71 =$

解：$7 \times 7 = 49$（前积）　　　$7 \times 2 = 14$（满十进位）

$71 \times 71 = 5041$

（4）个位是5的两位数的平方。

方法是：十位数加1乘十位数，在得数的后面接上25。

例：$35 \times 35 =$

解：$(3 + 1) \times 3 = 12$（前积）　　　$35 \times 35 = 1225$

速算测试与答案

（1）$80 - 25 =$

（2）$18 \times 19 =$

（3）$80 + 60 \div 3 =$

（4）$70 + 45 =$

（5）$7 \times 15 =$

（6）$41 + 18 \div 2 =$

（7）$36 - 27 =$

（8）$200 \div 25 =$

（9）$63 - 36 + 22 =$

（10）$83 + 69 =$

（11）$98 \div 14 =$

（12）$20 \times 8 \times 5 =$

（13）$19 \times 19 =$

（14）$336 + 70 =$

（15）$42 + 7 - 29 =$

（16）$10 \times 10 =$

（17）$96 \div 24 =$

（18）$36 + 8 - 40 =$

（19）$14 \times 14 =$

（20）$56 \div 14 =$

（21）$302 - 101 =$

（22）$65 \div 13 =$

（23）$58 + 21 - 6 =$

（24）$42 \div 6 + 20 =$

（25）$15 \div 15 =$

（26）$51 \times 51 =$

（27）$91 \times 91 =$

（28）$35 \times 35 =$

（29）$32 \times 30 =$

（30）$800 \div 16 =$

（31）$47 \times 47 =$

（32）$40 \times 15 =$

（33）$840 \div 21 =$

（34）$38 \times 38 =$

（35）$60 \times 12 =$

（36）$560 \div 14 =$

（37）$23 \times 30 =$

（38）$390 \div 13 =$

（39）$30 \times 50 =$

（40）$600 \div 15 =$

（41）$5 \times 700 =$

（42）$90 \div 15 =$

（43）$25 \times 16 =$

（44）$96 \div 16 =$

（45）$120 \times 25 =$

（46）$36 \times 11 =$

（47）$12 \times 50 =$

（48）$25 \times 8 =$

（49）$23 \times 11 =$

（50）$71 \times 91 =$

（51）$25 \times 9 \times 4 =$

（52）$20 \times 58 =$

（53）$250 \div 5 \times 8 =$

（54）$18 - 64 \div 8 =$

（55） $70+(100-10\times5)=$

（56） $6\times5\div2\times4=$

（57） $(80\div20+80)\div4=$

（58） $400\div4+20\times5=$

（59） $10+12\div3+20=$

（60） $600-3\times200=$

答 案

(1) 55	(2) 342	(3) 100	(4) 115
(5) 105	(6) 50	(7) 9	(8) 8
(9) 49	(10) 152	(11) 7	(12) 800
(13) 361	(14) 406	(15) 20	(16) 100
(17) 4	(18) 4	(19) 196	(20) 4
(21) 201	(22) 5	(23) 73	(24) 27
(25) 1	(26) 2601	(27) 8281	(28) 1225
(29) 960	(30) 50	(31) 2209	(32) 600
(33) 40	(34) 1444	(35) 720	(36) 40
(37) 690	(38) 30	(39) 1500	(40) 40
(41) 3500	(42) 6	(43) 400	(44) 6
(45) 3000	(46) 396	(47) 600	(48) 200
(49) 253	(50) 6461	(51) 900	(52) 1160
(53) 400	(54) 10	(55) 120	(56) 60
(57) 21	(58) 200	(59) 34	(60) 0

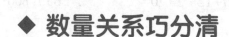

◆ 数量关系巧分清

　　学习一种东西，首先要端正学习态度。现在有些人学习，只是用耳朵听老师讲，把讲的内容牢牢记住；用眼睛看老师写，用手照抄下来，也牢牢记住。

　　这正如拿着口袋到米店去买米，付了钱，让别人将米倒在口袋里，自己背回家就完事大吉一样。把一袋米放在家里，肚子就不会饿了吗？

　　买米的目的，是把它做成饭，吃到肚里，将饭消化了，吸收生理上所需要的，将不需要的排泄出去。所以饭得自己煮，自己吃，自己消化，营养得自己吸收，废物得自己排泄。老师所能给予学生的，只是生米和煮饭的方法。

　　学习和研究这两个词，大多数人都在乱用。读一篇小说，就是在研究文学，这是错的。不过学习和研究的态度应当一样。研究应当依照科学方法，学习也应当依照科学方法。

　　所谓科学方法，就是从观察和实验中搜集材料，加以分析、综合整理。学习也应当如此。

　　算学，就初等范围内说，离不开数和量，而数和量都是抽象的。两条鱼和三支笔是具体的，"两条""三支"以及"两"和"三"全是抽象的。抽象的，是无法观察和实验的。然而为了学习，我们不妨开一个方便法门，将内容具体化。

昨天我4岁的小女儿跑来向我要5枚硬币，我忽然想到测试她认识数量的能力，先只给她3枚。她说只有3枚，我便问她还差几枚。于是她把左手的五指伸出来，右手将左手的中指、无名指和小指捏住，看了看，说差2枚。

这就是数量表达的方便法门。这方便法门，不仅是小孩子学习算学的基础，也是人类建立全部算学的基础，我们所用的不是十进制数吗？

用指头代替硬币，当然也可以用指头代替人、马、牛，然而指头只有十个，而且分属于两只手，所以第一步就由用两只手进化到用一只手，将指头屈伸着或做种种形象以表示数。不过数大了仍旧不方便。

于是进化到用笔涂点子来代替手指，到这一步自然能表示出的数更多了。不过点子太多也很难一目了然，而且在表示数和数的关系时更不方便。所以，有必要将它改良。

既然可以用"点"来做具体地表示数的方便法门，当然也可以用线段来代替"点"。严格地说，画在纸上，"点"和线段其实是一样的。用线段来表示数量，首先，很容易想到这样两种形式：

一，二，三，…和｜，‖，⦀，…。这和"点"一样不方便，应该再加以改良。

其次，不妨将这些线段连接成为一条长的线段，成为竖的 或横的 。用多长的线段表示1，这是个人的绝对自由。

所以只要在纸上画一条长线段，再在线段上随便画一点算是起点0，再从起点0起，依次取等长线段便得1，2，3，4……

这是数量的具体表达的方便法门。有了这个方便法门，算学上的四个基本法则，都可以用画图来计算了。

第一，加法，这用不着说明，如图2-1，便是5+3=8。

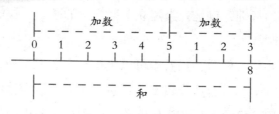

图 2-1

第二，减法，只要把减数反向画就行了，如图2-2，便是8-3=5。

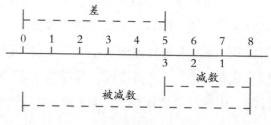

图 2-2

第三，乘法，本来就是加法的简便方法，所以和加法的画法相似，只需所取一个乘数的段数和另一个乘数相同。不过有小数时，需要参照除法的画法才能将小数部分画出来。如图2-3，便是5×3=15。

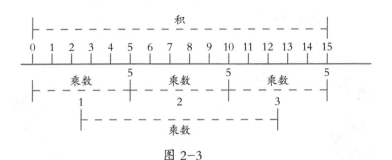

图 2-3

第四，除法，这要用到几何画法中的等分线段的方法。如图 2-4，便是 15÷3=5。

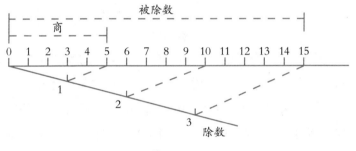

图 2-4

图 2-4 中表示除数的线是任意画的，画好以后，便从 0 起在上面取等长的任意三段 01、12、23，再将 3 和 15 连起来，过 1 画一条线和它平行，这条线正好通过 5，5 就是商。图 2-4 中的虚线是为了看起来更清爽而画的，实际上却没有必要。

懂得了四则运算的基础画法了吗？现在进一步来看两个数的几种关系的具体表示法。用两条十字交叉的线，每条表示一个数量，那交点就算是共通的起点 0，这样来源相同，趋向个别的法门，倒也是一件好玩的事情。

第一，差是一定的两个数量的表示法。

例：哥哥 13 岁，弟弟 10 岁，哥哥比弟弟大几岁？

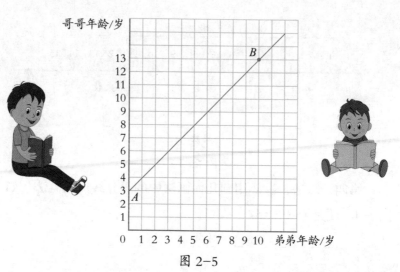

图 2-5

如图2-5，用横线段表示弟弟的年龄，竖线段表示哥哥的年龄，他们差3岁，就是说哥哥3岁的时候弟弟才出生，因而得A。但是哥哥13岁的时候弟弟是10岁，所以竖的第10条线和横的第13条是相交的，因而得B。由这线上的各点横竖一看，便可知道：

①哥哥几岁（例如5岁）时，弟弟若干岁（2岁）。

②哥哥、弟弟年龄的差总是3岁。

③哥哥6岁时，是弟弟的2倍。

……

第二，和是一定的两个数量的表示法。

例：张老大、宋阿二两个人分15块钱，张老大得9块，宋阿二得几块？

如图2-6，用横线段表示宋阿二得的钱，竖线段表示张老大得的钱。张老大全部拿去，宋阿二便两手空空，因而得A点。反过来，宋阿二全部拿去，张老大便两手空空，因而

得 *B* 点。由这线上的各点横竖一看，便可知道：

　　①张老大得9块的时候，宋阿二得6块。

　　②张老大得3块的时候，宋阿二得12块。

　　……

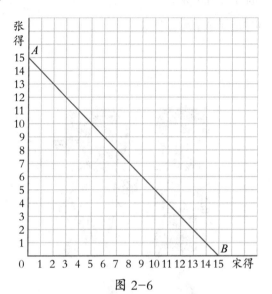

图 2-6

第三，一个数量是另一个数量一定倍数的表示法。

例：一个小孩子每小时走2千米，3小时走多少千米呢？

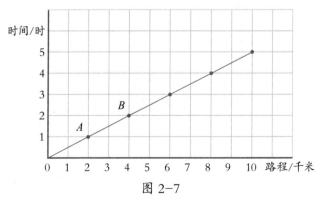

图 2-7

如图 2-7，用横的线段表示路程，竖的线段表示所用时间。1小时走了2千米，因而得 A 点；2小时走了4千米，因而得 B 点。由这线上的各点横竖一看，便可知道：

①3小时走了6千米。

②4小时走了8千米。

基本关系与例题

在数学基本类型应用题中，数量关系可以分为11种，其中加法2种、减法3种、乘法2种、除法4种。

1. 加法的种类

（1）已知一部分数和另一部分数，求总数。

例：小明家养灰兔8只，白兔4只，一共养兔多少只？

分析：已知一部分数（灰兔8只）和另一部分数（白兔4只），求总数。

解：8+4=12（只）。

答：一共养兔12只。

（2）已知小数和相差数，求大数。

例：小利家养小白兔4只，小灰兔比小白兔多3只，小灰兔有多少只？

分析：已知小数（小白兔4只）和相差数（小灰兔比小白兔多3只），求大数，即小灰兔的只数。

解：4+3=7（只）。

答：小灰兔有7只。

2. 减法的种类

（1）已知总数和其中一部分数，求另一部分数。

例：小丽家养兔12只，其中有白兔8只，其余的是灰兔，灰兔有多少只？

分析：已知总数（12只）和其中一部分数（白兔8只），求另一部分数，即求灰兔有多少只。

解：12－8＝4（只）。

答：灰兔有4只。

（2）已知大数和相差数，求小数。

例：小强家养白兔8只，养的白兔比灰兔多3只，养灰兔多少只？

分析：已知大数（白兔8只）和相差数（白兔比灰兔多3只），求小数，即求灰兔有多少只。

解：8－3＝5（只）。

答：养灰兔5只。

（3）已知大数和小数，求相差数。

例：小勇家养白兔8只，灰兔5只，白兔比灰兔多多少只？

分析：已知大数（白兔8只）和小数（灰兔5只），求相差数，即求白兔比灰兔多多少只。

解：8－5＝3（只）。

答：白兔比灰兔多3只。

3．乘法的种类

（1）已知每份数和份数，求总数。

例：小利家养了6笼兔子，每笼4只，一共养兔多少只？

分析：已知每份数（4只）和份数（6笼），求总数，即求一共养兔多少只，也就是求6个4的和是多少。

解：4×6＝24（只）。

答：一共养兔24只。

（2）求一个数的几倍是多少。

例：小白兔有8只，小灰兔的只数是小白兔的2倍，问小灰兔有多少只？

分析：小白兔有 8 只，小灰兔的只数是小白兔的 2 倍，即 2 个 8 只是多少？

解：$8 \times 2 = 16$（只）。

答：小灰兔有 16 只。

4．除法的种类

（1）已知总数和份数，求每份数。

例：小强有 15 个苹果，平均放在 3 个盘子里，平均每盘放几个苹果？

分析：已知总数（15 个）和份数（3 盘），求每份数，即求每盘放几个。也就是把 15 平均分成 3 份，求每份是多少。

解：$15 \div 3 = 5$（个）。

答：平均每盘放 5 个苹果。

（2）已知总数和每份数，求份数。

例：小强有 15 个苹果，每 5 个放一盘，可以放几盘？

分析：已知总数（15 个）和每份数（5 个放一盘），求可以放几盘。也就是 15 里面有几个 5，就可以放几盘。

解：$15 \div 5 = 3$（盘）。

答：可以放 3 盘。

（3）求一个数是另一个数的几倍。

例：小勇有 15 个苹果，有 5 个梨，苹果的个数是梨的几倍？

分析：苹果的个数里面有几个梨的个数，就是梨的几倍。

解：$15 \div 5 = 3$。

答：苹果的个数是梨的 3 倍。

（4）已知一个数的几倍是多少，求这个数。

例：小勇有 15 个苹果，苹果的个数是梨的 3 倍，那么梨有多少个？

分析：苹果的个数里面有3个梨的个数。

解：$15 \div 3 = 5$（个）。

答：梨有5个。

应用习题与解析

1．基础练习题

（1）幼儿园里有48块巧克力，另外还有一些奶糖。分给小朋友26块奶糖后，剩下的奶糖比巧克力多18块，原来奶糖有多少块？

考点：加法。

分析：已知小数（巧克力）是48，大数（奶糖）的总数就是剩下的奶糖数量加上分给小朋友的奶糖数量的总和。

解：$48 + 18 + 26 = 92$（块）。

答：原来奶糖有92块。

（2）二年级原来女同学比男同学多25人，今年二年级又增加了80个男同学和65个女同学。现在是男同学多，还是女同学多？多几人？

考点：减法。

分析：已知两个数，求差数。我们并不需要知道原来男、女同学的数量，我们只看增加的男同学和女同学的数量就可以了。增加了80个男同学和65个女同学，可知增加的学生中，男同学比女同学多15人。又知道原来女同学比男同学多25人，就可以算出现在的差数，依旧是女同学多。

解：80－65＝15（人），

　　　25－15＝10（人）。

答：现在是女同学多，多10人。

（3）苹果树、梨树和桃树共80棵，其中苹果树和梨树一共有60棵，梨树和桃树一共有50棵。三种树各有多少棵？

考点：减法。

分析：苹果树、梨树和桃树共80棵，苹果树和梨树一共有60棵，就可以知道桃树有20棵。梨树和桃树共50棵，那么梨树也就可以算出来了。题中又知道总数，那么，总数－梨树的棵数－桃树的棵数＝苹果树的棵数。

解：桃树为80－60＝20（棵），

　　　梨树为50－20＝30（棵），

　　　苹果树为80－20－30＝30（棵）。

答：桃树有20棵，梨树有30棵，苹果树有30棵。

（4）一位商人花了70元购进一件衣服，加价12元售出。后来发现购买者支付的那张100元是假钞。这位商人在这件衣服上共损失了多少钱？

考点：加法和减法。

分析：衣服成本70元，加价12元售出。可见衣服售价为70＋12＝82（元）。购买者支付100元假钞，商人找零100－82＝18（元）。因此，商人损失的是衣服的成本和找零的钱。

解：100－70－12＝18（元），

　　　18＋70＝88（元）。

答：这位商人在这件衣服上损失了88元。

（5）妈妈买回不到20个鸡蛋，三个三个地数正好数完，五个五个地数就多了3个。妈妈买了多少个鸡蛋？

考点：乘法。

分析：已知三个三个地数正好能数完，那么鸡蛋的总数一定是3的倍数。五个五个地数就多3个，那么鸡蛋的总数一定是5的倍数加3且可以被3整除。3和5的最小公倍数是15，鸡蛋的总数又小于20，这样就可以算出结果了。

解：$3 \times 5 + 3 = 18$（个）。

答：妈妈一共买了18个鸡蛋。

（6）买一只鸡的钱可以买3条鱼，买一条鱼的钱可以买4千克水果。已知1千克水果2元钱，1只鸡多少钱？

考点：乘法。

分析：已知较小的数和倍数，求较大的数。1千克水果2元钱，4千克水果的费用可以买一条鱼，那么就可以知道一条鱼的价格是1千克水果的4倍。以此类推，就可以知道一只鸡的价格。

解：$2 \times 4 = 8$（元），

$\quad\ 8 \times 3 = 24$（元）。

答：一只鸡的价格是24元。

（7）6个小朋友一起去郊外游玩，每人可以分到1包小薯片，2人分到1包中薯片，3人分到1包大薯片。这三种包装的薯片都要满足条件，那么一共最少需要带多少包薯片？

考点：除法。

分析：总人数是6人，一个人分到一包小薯片，那么就需要$6 \div 1 = 6$（包），以此类推，就可以算出需要多少包中薯片和多少包大薯片。

解：6÷1=6（包），

　　6÷2=3（包），

　　6÷3=2（包），

　　6+3+2=11（包）。

答：一共最少需要带11包薯片。

（8）农民伯伯要挑两筐西瓜，甲筐里有8个西瓜，每个重6千克，乙筐里有9个西瓜，每个重4千克。从甲筐拿出几个西瓜放进乙筐，能使两筐里的西瓜重量相等？

考点：综合。

分析：已知每份数和份数，求总数。根据筐里西瓜的数量和每个西瓜的重量，可以知道每个筐里的西瓜的重量。甲筐48千克，乙筐36千克。已知大数和小数，求相差数。甲筐比乙筐重12千克。为了使两边重量相等，就要把甲筐中多出来这12千克平分，将一半重量的西瓜放到乙筐中去，12÷2=6（千克）。已知总数和每份数，求份数。6÷6=1（个）。

解：8×6=48（千克），

　　9×4=36（千克），

　　48-36=12（千克）。

　　12÷2=6（千克）。

　　6÷6=1（个）。

答：从甲筐拿出1个西瓜放进乙筐，能使两筐里的西瓜重量相等。

（9）小强准备用奶粉为自己冲一杯牛奶，打水用了1分钟，洗杯子和汤匙各用了1分钟，烧开水用了7分钟，取奶粉用了2分钟，冲牛奶用了1分钟。小强至少要用多长时间才能

使自己尽快喝上牛奶？

考点：加法。

分析：这是一个时间顺序上的问题，我们知道打水、烧水和冲奶是有顺序性的：不打水就无法烧水，不烧水就无法冲奶，所以这三个时间不能相互叠加，而其他两项可以在烧水过程中进行，所以，这三个时间相加就是结果。

解：1+7+1=9（分）。

答：小强至少要用9分钟才能使自己尽快喝上牛奶。

2. 提高练习题

（1）一件商品按定价卖出可获利960元，若按定价的80%出售，则亏损832元，那么该商品的进价是多少元？

分析：设进价为 x 元，则定价为（$x+960$）元。

解：$(x+960) \times 80\% = x - 832$,

$$0.8x + 960 \times 0.8 = x - 832,$$

$$0.8x - x = -960 \times 0.8 - 832,$$

$$-0.2x = -1600,$$

$$0.2x = 1600,$$

$$x = 8000。$$

答：该商品的进价是8000元。

（2）2018年某商品的购买价格是每克150元，2019年该商品的购买量增加了50%，购买总金额增加了20%。2019年该商品的购买价格是每克多少元？

分析：设2018年的购买量为1，那么2019年的购买量就为（1+0.5），2018年的购买总金额为150元，2019年的购买总金额增加了20%，那么购买金额就为 $150 \times (1+0.2) = 180$

（元）。2019年的购买单价为 $180 \div 1.5 = 120$（元）。

解：$(150 + 150 \times 20\%) \div (1 + 0.5)$

$= 180 \div 1.5$

$= 120$（元）。

答：2019年该商品的购买价格是每克120元。

（3）某单位38个人，站成一排，从左向右数，小王是第27个，从右向左数，小张是第26个。小王和小张之间有多少人？

分析：小王从左向右第27个，由于共有38人，则小王右边有11人，他是从右向左数的第12个。小张是从右向左第26个，计算中间人数时不能将本人计算进去，所以两人中间有13人。

解：$38 - 27 = 11$（人），

$11 + 1 = 12$（人），

$26 - 1 - 12 = 13$（人）。

答：小王和小张之间有13人。

（4）某班共有学生60人，其中不会打羽毛球的有23人，不会打乒乓球的有31人，两种都会打的有8人。这个班两种都不会打的有多少人？

分析：由题意可知，会打羽毛球的有 $60 - 23 = 37$（人），会打乒乓球的有 $60 - 31 = 29$（人），两种都会打的有8人。这道题并不难，但是需要认真审题，题目将会打球的和不会打球的人数混在了一起。

解：设两种都不会打的有 x 人。

$60 - 23 = 37$（人），$60 - 31 = 29$（人），

$$37+29-8+x=60,$$
$$x=60-37-29+8,$$
$$x=2。$$

答：这个班两种都不会打的有2人。

（5）三根铁丝，长度分别是120厘米、180厘米、300厘米，现在要把它们截成长度相等的小段，每段都不能有剩余，那么最少可截成多少段？

分析："截成相等的小段"就是求三个数的公约数，"最少可截成多少段"就是求最大公约数。所以每小段的长度是120厘米、180厘米、300厘米的最大公约数。

解：120、180和300的最大公约数是60，

$$120÷60+180÷60+300÷60=10（段）。$$

答：最少可截成10段。

3. 拓展训练题

（1）4、5、（　）、14、23、37

A．6　　　　B．7　　　　C．8　　　　D．9

分析：数越来越大，可以知道数之间的关系是加法或乘法。根据后三个数可以看出，前两个数相加等于第三个数。

解：$4+5=9$，

$5+9=14$，

$9+14=23$，

$14+23=37$。

答案为D。

（2）23、46、48、96、54、108、99、（　）

A．200　　　　B．199　　　　C．198　　　　D．197

分析：两个数为一组，每组数比上一组数越来越大，可以知道数之间的关系是加法或者乘法。每个双数项都是本组单数项的2倍。

解：$23 \times 2 = 46$，

$48 \times 2 = 96$，

$54 \times 2 = 108$。

依此规律，括号里的数应为 $99 \times 2 = 198$。

答案为 C。

（3）6、14、30、62、（　　）

　A．85　　　　　B．92　　　　　C．126　　　　　D．250

分析：数越来越大，可以知道数之间的关系是加法或者乘法。后一个数是前一个数的2倍加2。

解：$14 = 6 \times 2 + 2$，

$30 = 14 \times 2 + 2$，

$62 = 30 \times 2 + 2$。

依此规律，括号里的数为 $62 \times 2 + 2 = 126$。

答案为 C。

（4）0.75、0.65、0.45、（　　）

　A．0.78　　　B．0.88　　　C．0.55　　　D．0.96

分析：在这个小数数列中，前三个数皆能被0.05整除。

解：$0.75 \div 0.05 = 15$，

$0.65 \div 0.05 = 13$，

$0.45 \div 0.05 = 9$。

依此规律，只有C选项能被0.05整除，

$0.55 \div 0.05 = 11$。

答案为C。

（5）2、3、10、15、26、35、（　　）

　　A．40　　　　　　B．45　　　　　　C．50　　　　　　D．55

分析：依据平方与加减法规律去解答。

解：$2 = 1^2 + 1$，

$3 = 2^2 - 1$，

$10 = 3^2 + 1$，

$15 = 4^2 - 1$，

$26 = 5^2 + 1$，

$35 = 6^2 - 1$。

依此规律，括号内的数应为 $7^2 + 1 = 50$。

答案为C。

（6）4、11、30、67、（　　）

　　A．126　　　　B．127　　　　C．128　　　　D．129

分析：这组数由自然数列的立方分别加3而得。

解：$4 = 1^3 + 3$，

$11 = 2^3 + 3$，

$30 = 3^3 + 3$，

$67 = 4^3 + 3$。

依此规律，括号内的数应为 $5^3 + 3 = 128$。

答案为C。

（7）$\dfrac{49}{800}$、$\dfrac{47}{400}$、$\dfrac{9}{40}$、（　　）

　　A．$\dfrac{13}{200}$　　　　B．$\dfrac{41}{100}$　　　　C．$\dfrac{1}{100}$　　　　D．$\dfrac{43}{100}$

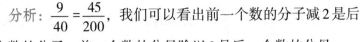

分析：$\frac{9}{40} = \frac{45}{200}$，我们可以看出前一个数的分子减2是后一个数的分子，前一个数的分母除以2是后一个数的分母。

解：把 $\frac{9}{40}$ 写成 $\frac{45}{200}$，则分子之间的关系分别为 $49-2=47$，

$47-2=45$，

$45-2=43$，

分母之间的关系分别为 $800÷2=400$，

$400÷2=200$，

$200÷2=100$，

答案为 D。

（8）1、6、20、56、144、（　　）

　　A．256　　　　B．244　　　　C．352　　　　D．384

分析：后一项与前一项的差的四倍为第三项。

解：$(6-1)×4=20$，

$(20-6)×4=56$，

$(56-20)×4=144$。

依此规律，括号内之数应为 $(144-56)×4=352$。

答案为 C。

（9）3、2、$\frac{5}{3}$、$\frac{3}{2}$、（　　）

　　A．$\frac{1}{4}$　　　　B．$\frac{7}{5}$　　　　C．$\frac{3}{4}$　　　　D．$\frac{2}{5}$

分析：由于后面两个都是分数，所以将前面两个也化为分数：$\frac{3}{1}$、$\frac{4}{2}$。

解：$\dfrac{3}{1}$、$\dfrac{4}{2}$、$\dfrac{5}{3}$、$\dfrac{6}{4}$。依此规律，分子为3、4、5、6、7，分母为1、2、3、4、5，括号内之数应为$\dfrac{7}{5}$。

答案为B。

（10）2、1、$\dfrac{2}{3}$、$\dfrac{1}{2}$、（   ）

A. $\dfrac{3}{4}$　　　　B. $\dfrac{1}{4}$　　　　C. $\dfrac{2}{5}$　　　　D. $\dfrac{5}{6}$

分析：由于后面两个都是分数，所以将前面两个数2和1也化为分数，分别为$\dfrac{4}{2}$和$\dfrac{4}{4}$。

解：$\dfrac{4}{2}$、$\dfrac{4}{4}$、$\dfrac{4}{6}$、$\dfrac{4}{8}$，分子都是4，分母2、4、6、8是等差数列。依此规律，括号内之数应为$\dfrac{4}{10}=\dfrac{2}{5}$。

答案为C。

奥数习题与答案

（1）0.2、6.8、-0.8、5.8、-1.8、4.8、（   ）、3.8

A. -2.8　　　B. 3.8　　　C. -4.8　　　D. 5.8

（2）0、1、1、2、4、7、13、（   ）

A. 22　　　B. 23　　　C. 24　　　D. 25

（3）3、4、12、18、44、（   ）

A. 44　　　B. 56　　　C. 78　　　D. 79

（4）2、3、10、15、26、（　　）

A. 30   B. 35   C. 38   D. 57

（5）0、3、8、15、（　　）、35

A. 12   B. 24   C. 26   D. 30

（6）72、36、24、18、（　　）

A. 16   B. 12   C. 14.4   D. 16.4

（7）−7、0、1、2、（　　）

A. 3   B. 6   C. 9   D. 10

（8）8、10、14、18、（　　）

A. 24   B. 32   C. 26   D. 20

（9）1、2、2、3、4、（　　）

A. 6   B. 7   C. 8   D. 9

（10）227、238、251、259、（　　）

A. 263   B. 273   C. 275   D. 299

（11）0、$-\dfrac{3}{8}$、$\dfrac{8}{27}$、$-\dfrac{15}{64}$、$\dfrac{24}{125}$、（　　）

A. $-\dfrac{31}{236}$ B. $-\dfrac{33}{236}$ C. $-\dfrac{35}{216}$ D. $-\dfrac{37}{216}$

（12）3、11、13、29、31、（　　）

A. 52   B. 53   C. 54   D. 55

（13）0.001、0.002、0.006、0.024、（　　）

A. 0.045   B. 0.12   C. 0.038   D. 0.24

（14）$\dfrac{5}{9}$、$\dfrac{11}{9}$、（　　）、$\dfrac{17}{3}$、$\dfrac{106}{9}$

A. $\dfrac{7}{3}$ B. $\dfrac{22}{9}$ C. $\dfrac{23}{9}$ D. $\dfrac{8}{3}$

（15）1、2、6、15、40、104、（   ）

    A. 273   B. 329   C. 185   D. 225

（16）$\dfrac{1}{2}$、1、1、（   ）、$\dfrac{9}{11}$、$\dfrac{11}{13}$

    A. 2   B. 3   C. 1   D. $\dfrac{7}{9}$

（17）20、22、25、30、37、（   ）

    A. 48   B. 49   C. 55   D. 81

（18）16、8、8、12、24、60、（   ）

    A. 90   B. 120   C. 180   D. 240

（19）$\dfrac{1}{2}$、$\dfrac{1}{8}$、$\dfrac{1}{24}$、$\dfrac{1}{48}$、（   ）

    A. $\dfrac{1}{96}$ B. $\dfrac{1}{48}$ C. $\dfrac{1}{64}$ D. $\dfrac{1}{81}$

（20）95、88、71、61、50、（   ）

    A. 40   B. 39   C. 38   D. 37

答　案

（1）A   （2）C   （3）C   （4）B   （5）B

（6）C   （7）C   （8）C   （9）A   （10）C

（11）C   （12）D   （13）B   （14）D   （15）A

（16）C   （17）A   （18）C   （19）B   （20）A

课外练习与答案

1. 基础练习题

（1）一个三口之家，爸爸比妈妈大3岁，现在他们一家人的年龄之和是80岁，10年前全家人的年龄之和是51岁，那么女儿今年多少岁呢？

（2）一份中学数学竞赛试卷共15道题，答对一道题得8分，答错一题或不做答均扣4分。一位参赛学生的成绩是72分，那么这位学生答对多少道题？

（3）一位短跑选手，顺风跑90米用了10秒钟，在同样的风速下，逆风跑70米，也用了10秒钟。若他的速度保持不变，则在无风的时候，他跑100米需要用多少秒？

（4）有7枚硬币，包含五分、一角和五角的硬币，且每种至少有1枚。这7枚硬币总价值为1.75元，那么五分的有几枚？

（5）单杠上挂着一条5米长的爬绳，小赵每次向上爬1米后又滑下半米来。那么小赵需几次才能爬上单杠？

（6）某公司三名销售人员去年的销售业绩是：甲的销售额是乙和丙销售额的1.5倍。甲和乙的销售额是丙的销售额的5倍，已知乙的销售额是56万元，甲的销售额是多少万元呢？

（7）某校学生排成一个方阵，最外层的人数是40人，此方阵共有学生多少人？

（8）学校买来的足球比篮球多18个，足球的个数比篮球的个数的2倍少4个。学校买来篮球和足球各多少个？

（9）5个人的平均年龄是29周岁，已知5个人中没有小于24周岁的，那么年龄最大的人可能是多少岁？

（10）某船在静水中的速度是15千米/时，它从上游甲地开往下游的乙地一共需8小时。如果水速是3千米/时，那么此船从乙地返回甲地需要多少小时？

2. 提高练习题

（1）女儿每月给妈妈寄钱500元，妈妈想把这些钱攒起来买一台价格1980元的全自动洗衣机。如果妈妈每月留下120元当零花钱，那么女儿连续寄钱几个月可以让妈妈买到洗衣机？

（2）甲罐装有液化气15吨，乙罐装有液化气20吨。现往两罐再注入共40吨的液化气，使甲罐量为乙罐量的1.5倍，那么应往乙罐注入的液化气量是多少吨？

（3）甲、乙、丙三人共处理文件48份。已知丙比甲多处理8份，乙比甲多处理4份，那么甲、乙、丙分别处理多少份文件呢？

（4）有一项工程，甲一人做完需30天，甲、乙合做完成需18天，乙、丙合做完成需15天。甲、乙、丙三人共同完成该工程需要多少天？

（5）某公司对甲、乙、丙三个职位招聘员工，按规定每人至多可以报考两个职位。共有42人报名，其中甲、乙、丙三个职位报名人数分别是22人、16人、25人，又知同时报甲、乙职位的有8人，同时报甲、丙职位的有6人，那么同时报乙、丙职位的有多少人？

（6）某剧团男、女演员人数相等，如果调出8位男演员，调进6位女演员，那么女演员人数是男演员人数的3倍。该剧团原有多少位女演员？

（7）小王周末组织朋友自助游，费用均摊。在结账时，如果每人付450元，则多出100元；如果小王的朋友每人付430元，小王自己要多付60元才刚好。这次活动人均费用是多少元？

（8）某校学生刚好排成一个方队，最外层的人数是96人，那么该方阵有多少名学生呢？

（9）一个箱子里有红、绿两种颜色的球，如果按每组1个红球2个绿球分组，绿球恰好够用，但剩5个红球；如果按每组3个红球5个绿球分组，红球恰好够用，但剩5个绿球。红球和绿球共有多少个？

（10）有两段铁路，第一段的长度是第二段的3倍。如果两段铁路各延长50千米，则第一段的长度是第二段的2倍。两段铁路原长各多少千米？

3. 经典练习题

（1）甲、乙两人由于顺路，搭乘同一辆出租车，甲坐了4千米后下了车，出租车又行驶了16千米，乙下车并付了36元车费。如果车费由两人按路程分摊，甲应分摊多少元？

（2）某校七年级共有三个班，一班与二班人数之和为98人，一班与三班人数之和为106人，二班与三班人数之和为108人。二班有多少人？

（3）电影票每张降价3元出售，观众增加了一半，收入也增加了20%。原来一张电影票多少元？

（4）某单位举行知识抢答赛，共50道抢答题。比赛规定：答对1题得3分，答错1题扣1分，不抢答得0分。小军在比赛中抢答了20道题，要使最后得分不少于50分，那么小军至少要答对多少道题？

（5）某班有50位同学参加期末考试，结果英语不及格的有15人，数学不及格的有19人，英语和数学都及格的有21人。英语和数学都不及格的有多少人？

（6）某单位每四年举行一次工会主席选举，每位工会主席每届任期四年，那么在18年期间该单位最多可能有几位工会主席？

（7）把55个苹果分给甲、乙、丙三人，甲的苹果个数是乙的2倍，丙最少但也多于10个。丙分到了多少个苹果？

（8）农业科技小组有两块小麦试验田，第二块比第一块少8亩（1公顷＝15亩），第一块的面积是第二块的3倍。两块试验田各有几亩？

（9）仓库存有面粉和大米两种粮食，面粉比大米多4500千克，面粉的质量比大米的3倍多700千克。大米和面粉各有多少千克？

（10）学校买了4个足球和2个排球，共用去了162元。每个足球比每个排球贵3元。足球和排球的单价分别是多少元？

答 案

1. 基础练习题

（1）女儿今年9岁。

（2）这位学生答对11道题。

（3）他跑100米需要用12.5秒。

（4）五分的有3枚。

（5）小赵需9次才能爬上"单杠"。

（6）甲的销售额是144万元。

（7）此方阵共有学生121人。

（8）篮球22个，足球40个。

（9）年龄最大的人可能是49岁。

（10）从乙地返回甲地需要12小时。

2. 提高练习题

（1）女儿连续寄钱6个月可以让妈妈买到洗衣机。

（2）应往乙罐注入的液化气量是10吨。

（3）甲处理12份文件，乙处理16份文件，丙处理20份文件。

（4）甲、乙、丙三人共同完成该工程需要10天。

（5）同时报乙、丙职位的有7人。

（6）该剧团原有15位女演员。

（7）这次活动人均费用是437.5元。

（8）该方阵有625名学生。

（9）红球和绿球共有125个。

（10）第一段原长150千米，第二段原长50千米。

3. 经典练习题

（1）甲应分摊7.2元。

（2）二班有50人。

（3）原来一张电影票15元。

（4）小军至少要答对18道题。

（5）英语和数学都不及格的有5人。

（6）最多可能有6位工会主席。

（7）丙分到了13个苹果。

（8）第一块的面积是12亩，第二块的面积是4亩。

（9）大米有1900千克，面粉有6400千克。

（10）足球的单价是28元，排球的单价是25元。

◆ 巧妙画线算乘法

　　"昨天讲的最后三个例子，你们总没有忘掉吧！如果是这样健忘，那就连吃饭、走路都学不会了。"马先生一走进门，还没立定，就笑嘻嘻地这样开场。大家自然只是报以微笑。马先生于是口若悬河地开始这一课的讲演。

　　昨天的最后三个例子，图上都是一条直线，各条直线都表示了两个量之间是有一定关系。从直线上的任意一点，往横看又往下看，马上就知道了，合于某种条件的甲量在不同的时间，乙量是怎样的。

　　如图2-7，已知每小时走2千米这个条件，4小时便走了8千米，5小时便走了10千米。

　　这种图，对于我们当然很有用。比如说，你有个弟弟，每小时可走3千米路，他出门去了。你如果照样画一张图，他离开你后，你坐在屋里，只要看看表，他走了多久，再看看图，就可以知道他离你有多远了。

　　如果你还清楚这条路沿途的地名，你当然可以知道他已到了什么地方，还要多长时间才能到达目的地。如果他走后，你突然想起什么事，需得关照他，他没有带手机，但正好有长途电话可用，你岂不是很容易找到打电话的时间和通话的地点吗?

这是一件很巧妙的事,已落了无巧不成书的老套。古往今来,有几个人碰巧会遇见这样的事?这有什么用场呢?你也许要这样问。

然而这只是一个用来打比方的例子,按照这样推想,我们一定能够绘制出一幅地球和月亮运行的图吧。从这上面,岂不是在屋里就可以看出任何时候地球和月亮的相互位置吗?这岂不是有了孟子所说的"天之高也,星辰之远也,苟求其故,千岁之日至,可坐而致也"那副神气吗?

算学的野心,就是想把宇宙间的一切法则,统括在几个式子或几张图上。按现在说,这似乎是犯了夸大狂的说法,姑且丢开,转到本题。

算术上计算一道题,除了混合比例那一类以外,总只有一个解答,这解答靠昨天所讲过的那种图,可以得出来吗?

当然可以,我们不是能够由图 2-6 上看出来,张老大得 9 元钱的时候,宋阿二得的是 6 元钱吗?

不过,这种办法对于这样简单的题目虽是可以得出来,遇见较复杂的题目,就很不方便了。比如,将题目改成这样:

张老大、宋阿二分 15 元钱,要使得张老大比宋阿二多得 3 元,应该怎样分呢?

当然我们可以这样老老实实地把解法找出来:

张老大拿 15 元的时候,宋阿二 1 元都拿不到,相差的是 15 元。张老大拿 14 元的时候,宋阿二可得1元，相差的是13元……

这样一直看到张老大拿9元，宋阿二得6元，相差正好是3元，这便是答案。这样的做法，就是对于这个很简单的题目，也需做到七次，才能得出答案。比较复杂的题目，或是题上数目较大的，那就不胜其烦了。

老老实实的办法，就不是好办法！所以算术上的解法必须更巧妙一些。这样，就来讲交差原理。

我们假设，两个量间有一定的关系，可以用一条线表示出来。那么像刚刚举的这个例子，就包含两种关系：第一，两个人所得钱的总和是15元；第二，两个人所得钱的差是3元。当然每种关系都可画一条线来表示。

所谓一条线表示两个数量的一种关系，精确地说，就是：无论从同一条线上的哪一点，横看和竖看所得的两个数量都有同一的关系。

假如，表示两个数量的两种关系的两条直线是交叉的，那么，相交的地方当然是一个点。由这一点横看竖看所得出的两个数量，既具有第一条线所表示的关系，同时也具有第二条线所表示的关系。

换句话说，便是这两个数量同时具有题中的两个关系。这样的两个数量，当然是题中所要的答案。试将前面的例题画出图来看，就会非常明了。

第一个条件，"张老大、宋阿二分15元钱"，这是两人所得钱的和一定，用线表示，便是 AB。

第二个条件，"张老大比宋阿二多得3元钱"，这是两人所

得钱的差一定，用线表示，便是 CD。

如图 3-1，AB 和 CD 相交于 E，就是 E 点既在 AB 上，同时也在 CD 上，所以两条线所表示的条件，它都包含。

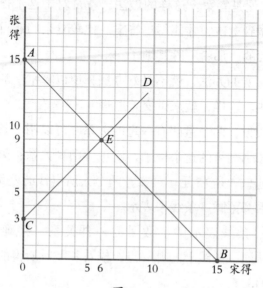

图 3-1

由 E 横看过去，张老大得的是 9 元钱；竖看下来，宋阿二得的是 6 元钱。正好，9 元加 6 元等于 15 元，就是 AB 线所表示的关系。而 9 元比 6 元多 3 元，就是 CD 线所表示的关系。E 点正是本题的答案。

"两线的交点同时包含着两线所表示的关系。"这就是交差原理。

顺水推舟，再补充几句。假如两线不止一个交点怎么办？那就是不止一个答案。不过，以后连续的若干次讲演中都不会遇见这种情形。

两线没有交点怎样？那就是没有答案。没有答案还成题

吗？不客气地说，这题不可能。所谓不可能，就是照题上所给的条件，它所求的答案是不存在的。

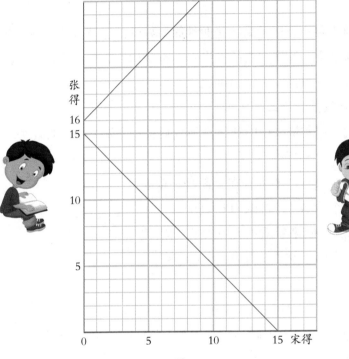

图 3-2

比如，前面的例题，第二个条件，换成"张老大比宋阿二多得16元钱"，画出图（图3-2）来，两直线便没有交点。事实上，两个人分15元钱，无论怎样，都不会有一个人比别一个人多得16元的情形。

教科书上的题目，是为了学习的人方便练习而编，所以都会得出答案。但是到了实际生活中，就得注意题目是否可能，假如不可能，解释这不可能的理由，都是学习算学的人应当做的工作。

基本方法与例题

　　画线乘法和格子乘法是两种简单好学的运算方法，一种是运用画线法，计算乘法的结果；一种是运用方格法，计算乘法的结果。下面我们来详细讲解。

1. 画线乘法

　　我们用实例来说明什么是画线乘法，先做个简单的乘法。

　　例1：1×2的画线乘法。

　　取一张空白的纸，在上面画一横表示第一个乘数1，再画两竖表示第二个乘数2。我们来看看有几个交点。横线和竖线有两个交点，那么1×2就等于2了（图3.1-1）。

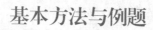

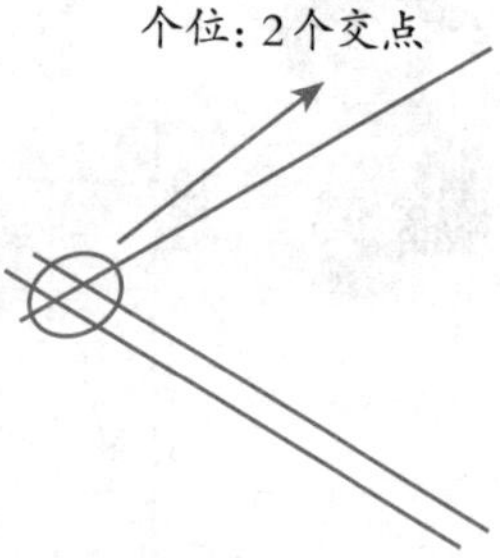

个位：2个交点

图 3.1-1

　　例2：13×21的画线乘法。

　　画法：（1）先画第一个乘数13里的1，画一条横线（图3.1-2）。

　　（2）再画第一个乘数13里的3，画三条横线，中间拉开距离（图3.1-3）。

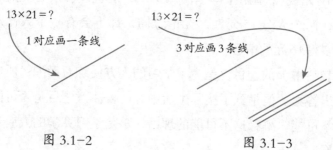

13×21＝?

1对应画一条线

图 3.1-2

13×21＝?

3对应画3条线

图 3.1-3

（3）下面画第二个乘数21。这个数画竖线，从左往右画，先画两竖（图3.1-4），再画一竖，中间也要拉开距离（图3.1-5）。

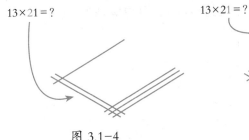

图 3.1-4

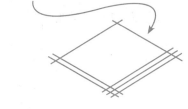

图 3.1-5

（4）图画好了。开始从左向右计算。图3.1-5右边的交叉点为乘积的个位，是3；中间上下两处的交叉点为乘积的十位，是1+6=7；左边的交叉点为百位，是2。所以，13×21=273。

例3：14×23的画线乘法

画法：（1）图3.1-6是已经画好的14×23，我们来看看这题的得数。加点的交叉点即为乘积的个位，我们数一下，是12。那么，个位就是2，前面的1是十位，向前进位。

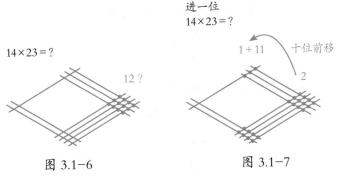

图 3.1-6

图 3.1-7

（2）再看图3.1-7。图3.1-7中间部位加点的地方为十位乘积，上下两处交叉点为 $3+8=11$，再加上个位进位的1，十位应是12，保留2，前面的1向百位进位。

（3）再看3.1-8。3.1-8左边加点的部位为百位，有两个交叉点，为2，再加上十位进位的1，百位应是3。

所以，$14×23=322$。

结果就出来了
$14×23=322$

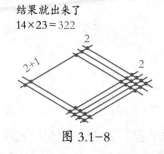

图 3.1-8

2. 格子乘法

格子乘法是15世纪意大利的一本算术书中介绍的一种两个数的相乘的计算方法。格子算法介于画线和算式之间。这种方法传入中国之后，在明朝数学家程大位的《算法统宗》一书中被称为"铺地锦"。

格子乘法的算法是根据不同的乘数画出方格，把第一个乘数和第二个乘数写在格子的上侧和右侧，然后从个位开始相乘，将得数写入方格。计算前，还要将每个方格画上对角线。

下面，我们举例详细讲解。

例1：$19×87$ 的格子乘法。

画法：（1）画出矩形，并画出斜线（如图3.1-9）。因为 $19×87$ 是两位数乘两位数，所以画 $2×2$ 的格子。然后，将两个乘数分别写在格子的上侧和右侧。这里将乘数19写在上侧，87写在右侧。当然，如果将它们调换位置，也是可以的。

（2）现在开始相乘。如图3.1-10，先用十位上的8去乘19，把所得的积放在第一行格子里。根据乘法口诀，八九七十二，将十位上的"7"写在8和9对应的格子的左上方，将"2"写在右下方，后面以此类推。一八得八，不够两位的，用零占位，将"0"写在1和8对应格子的左上方，将"8"写在对应格子的右下方。下面用个位上的7去乘19，把所得的积放在第二行格子里。七九六十三，将"6"写在7和9对应格子的左上方，将"3"写在对应格子的右下方，同理，可以得到0和7的位置。

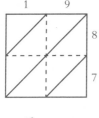

图 3.1-9

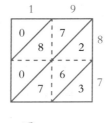

图 3.1-10

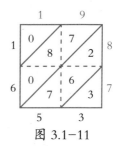

图 3.1-11

（3）下面开始相加。如图3.1-11，从右下角开始，将格子内的每个斜线方向的数字相加。如第一斜列只有数字3，写下数字"3"；第二斜列相加，$2+6+7=15$，写下数字"5"，并向前一列进"1"；第三斜列数字相加为$7+8+0+1=16$，写下数字"6"，并向前一列进"1"；最后一列只有数字0，加上进位的"1"，得数为1。最后得到一串数字1653，就是$19×87$的计算结果。

应用习题与解析

1. 画线乘法练习题

用画线法计算下列各题：

（1）32×22＝704

考点：画线乘法。

画法：如图3.2-1。

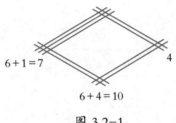

图 3.2-1

（2）21×31＝651

考点：画线乘法。

画法：如图3.2-2。

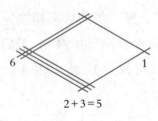

图 3.2-2

（3）56×62＝3472

考点：画线乘法。

画法：如图3.2-3。

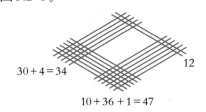

$30+4=34$

$10+36+1=47$

12

图 3.2-3

（4）123×123＝15 129

考点：画线乘法。

画法：如图3.2-4。

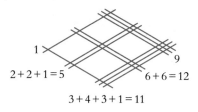

1

$2+2+1=5$

$6+6=12$

9

$3+4+3+1=11$

图 3.2-4

（5）321×22＝7062

考点：画线乘法。

画法：如图3.2-5。

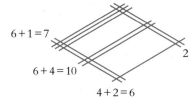

$6+1=7$

2

$6+4=10$

$4+2=6$

图 3.2-5

（6）$15 \times 23 = 345$

考点：画线乘法。

画法：如图3.2-6。

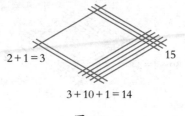

$$2 + 1 = 3$$

$$3 + 10 + 1 = 14$$

图 3.2-6

（7）$12 \times 34 = 408$

考点：画线乘法。

画法：如图3.2-7。

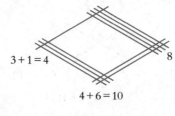

$$3 + 1 = 4$$

$$4 + 6 = 10$$

图 3.2-7

（8）$24 \times 33 = 792$

考点：画线乘法。

画法：如图3.2-8。

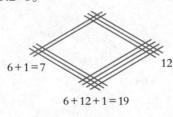

$$6 + 1 = 7$$

$$6 + 12 + 1 = 19$$

图 3.2-8

（9）$13 \times 27 = 351$

考点：画线乘法。

画法：如图3.2-9。

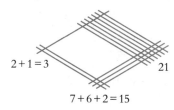

$2+1=3$ 21

$7+6+2=15$

图 3.2-9

（10）$111 \times 22 = 2442$

考点：画线乘法。

画法：如图3.2-10。

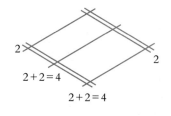

2 2

$2+2=4$

$2+2=4$

图 3.2-10

（11）$131 \times 33 = 4323$

考点：画线乘法。

画法：如图3.2-11。

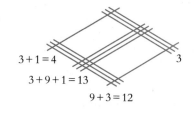

$3+1=4$ 3

$3+9+1=13$

$9+3=12$

图 3.2-11

（12）$412 \times 61 = 25\,132$

考点：画线乘法。

画法：如图3.2-12。

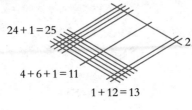

$24 + 1 = 25$

$4 + 6 + 1 = 11$

$1 + 12 = 13$

2

图 3.2-12

（13）$115 \times 11 = 1265$

考点：画线乘法。

画法：如图3.2-13。

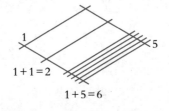

1

$1 + 1 = 2$

$1 + 5 = 6$

5

图 3.2-13

（14）$411 \times 31 = 12\,741$

考点：画线乘法。

画法：如图3.2-14。

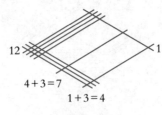

12

$4 + 3 = 7$

$1 + 3 = 4$

1

图 3.2-14

（15）$155 \times 22 = 3410$

考点：画线乘法。

画法：如图3.2-15。

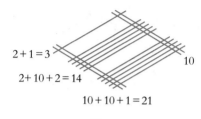

$2 + 1 = 3$
$2 + 10 + 2 = 14$
$10 + 10 + 1 = 21$
10

图 3.2-15

（16）$99 \times 24 = 2376$

考点：画线乘法。

画法：如图3.2-16。

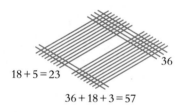

$18 + 5 = 23$
$36 + 18 + 3 = 57$
36

图 3.2-16

（17）$62 \times 18 = 1116$

考点：画线乘法。

画法：如图3.2-17。

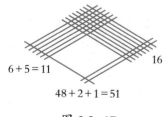

$6 + 5 = 11$
$48 + 2 + 1 = 51$
16

图 3.2-17

（18）212×31=6572

考点：画线乘法。

画法：如图3.2-18。

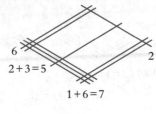

图 3.2-18

（19）66×44=2904

考点：画线乘法。

画法：如图3.2-19。

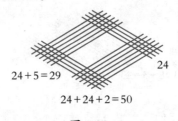

图 3.2-19

（20）381×55=20955

考点：画线乘法。

画法：如图3.2-20。

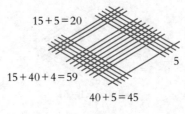

图 3.2-20

2. 格子乘法练习题

用格子乘法算出下列各题：

（1）$31 \times 52 = 1612$

考点：格子乘法。

画法：如图3.2-21。

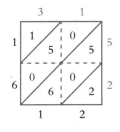

图 3.2-21

（2）$27 \times 48 = 1296$

考点：格子乘法。

画法：如图3.2-22。

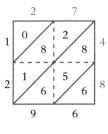

图 3.2-22

（3）66×32=2112

考点： 格子乘法。

画法： 如图3.2-23。

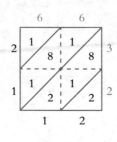

图 3.2-23

（4）357×46=16 422

考点： 格子乘法。

画法： 如图3.2-24。

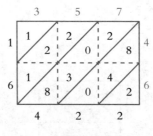

图 3.2-24

（5）486×38＝18 468

考点：格子乘法。

画法：如图3.2-25。

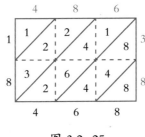

图 3.2-25

（6）934×314＝293 276

考点：格子乘法。

画法：如图3.2-26。

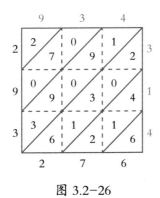

图 3.2-26

（7）812×435＝353 220

考点：格子乘法。

画法：如图3.2-27。

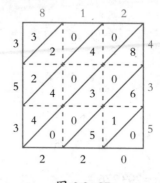

图 3.2-27

（8）1236×245＝302 820

考点：格子乘法。

画法：如图3.2-28。

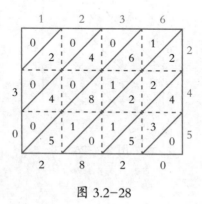

图 3.2-28

（9）$2552 \times 568 = 1\,449\,536$

考点：格子乘法。

画法：如图3.2-29。

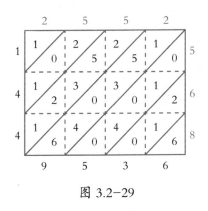

图 3.2-29

（10）$656 \times 252 = 165\,312$

考点：格子乘法。

画法：如图3.2-30。

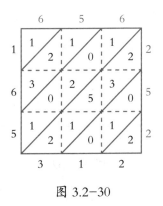

图 3.2-30

（11）$389 \times 641 = 249\,349$

考点：格子乘法。

画法：如图3.2-31。

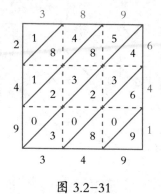

图 3.2-31

（12）$812 \times 61 = 49\,532$

考点：格子乘法。

画法：如图3.2-32。

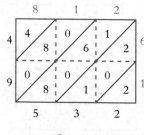

图 3.2-32

（13）165×11＝1815

考点：格子乘法。

画法：如图3.2-33。

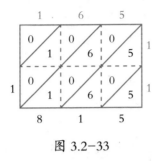

图 3.2-33

（14）611×35＝21385

考点：格子乘法。

画法：如图3.2-34。

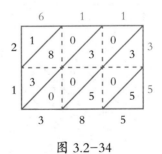

图 3.2-34

（15）$555 \times 22 = 12\,210$

考点：格子乘法。

画法：如图3.2-35。

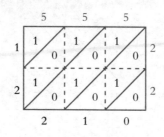

图 3.2-35

（16）$199 \times 124 = 24\,676$

考点：格子乘法。

画法：如图3.2-36。

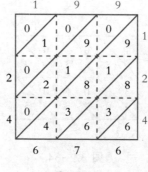

图 3.2-36

（17）262×218＝57 116

考点：格子乘法。

画法：如图3.2-37。

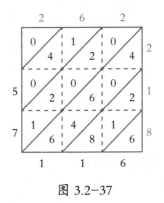

图 3.2-37

（18）316×35＝11 060

考点：格子乘法。

画法：如图3.2-38。

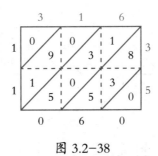

图 3.2-38

（19）166×45＝7470

考点：格子乘法。

画法：如图3.2-39。

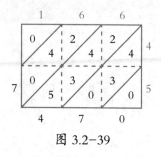

图 3.2-39

（20）1581×151＝238731

考点：格子乘法。

画法：如图3.2-40。

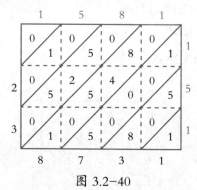

图 3.2-40

速算测试与答案

（1）498×69＝

（2）985×99＝

（3）565×24＝

（4）645×83＝

（5）866×64＝

（6）594×17＝

（7）902×96＝

（8）966×99＝

（9）861×19＝

（10）128×93＝

（11）783×59＝

（12）776×97＝

（13）787×25＝

（14）456×98＝

（15）142×45＝

（16）887×39＝

（17）786×881＝

（18）601×515＝

（19）484×982＝

（20）566×670＝

（21）791×115＝

（22）947×485＝

（23）163×786＝

（24）265×401＝

（25）497×475＝

（26）209×341＝

（27）926×465＝

（28）908×347＝

（29）223×381＝

（30）294×642＝

答　案

（1）34362

（2）97515

（3）13560

（4）53535

（5）55424

（6）10098

（7）86592

（8）95634

（9）16359

（10）11904

（11）46197

（12）75272

（13）19675

（14）44688

（15）6390

（16）34593

（17）692466

（18）309515

（19）475288

（20）379220

（21）90965

（22）459295

（23）128118

（24）106265

（25）236075

（26）71269

（27）430590

（28）315076

（29）84963

（30）188748

◆ 和差倍的快速计算

例1：大小两数的和是17，差是5，求两数。

马先生侧着身子在黑板上写了这么一道题，转过来对着听众，两眼向大家扫视了一遍。

"周学敏，这道题你会算了吗？"周学敏也是一个对学习算学感到困难的学生。

周学敏举手站起来，回答道："这和前面例子是一样的。"

"不错，是一样的，你试将图画出来看看。"

周学敏很规矩地走上讲台，迅速在黑板上将图（图4-1）画了出来。

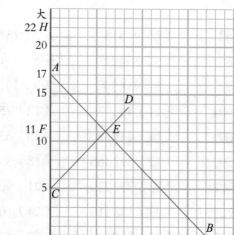

图 4-1

马先生看了看，问："得数是多少呢？"

"大数是11，小数是6。"

虽然周学敏得出了这个正确的答案，但是他好像不是很满意，回到座位上，两眼迟疑地望着马先生。

马先生觉察到了，问："你还放心不下什么？"

周学敏立刻回答道："这样画法是懂得了，但是这个题的算法还是不明白。"

马先生点了点头说："这个问题很有意思。不过你们应当知道，这只是算法的一种，因为它比较具体而且可以依据一定的法则，所以很有价值。由这种方法计算出来以后，再仔细地观察、推究算术中的计算法，有时便可得出来。"

如图4-1，OA 是两数的和，OC 是两数的差，CA 便是两数的和减去两数的差，CF 恰是小数，又是 CA 的一半。因此就本题来说，便得出：

$$（17-5）÷2=12÷2=6（小数），$$

$$\underbrace{OA\ OC}_{CA}\qquad CA\qquad CF$$

$$6+5=11（大数）。$$

$$CF\ OC\ OF$$

OF 既是大数，FA 又等于 CF，若在 FA 上加上 OC，就是图中的 FH，那么 FH 也是大数，所以 OH 是大数的2倍。由此，又可得到下面的算法：

$$（17+5）÷2=22÷2=11（大数），$$

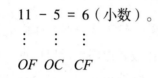

$$11 - 5 = 6（小数）。$$

$$OF \quad OC \quad CF$$

记好了 OA 是两数的和，OC 是两数的差，由这计算，还可得出这类题的一般的公式来：

（和＋差）÷2＝大数，大数－差＝小数；

或

（和－差）÷2＝小数，小数＋差＝大数。

例2：大小两数的和为20，小数除大数得4，大小两数各是多少呢？

这道题的两个条件是：

（1）两数的和为20，这便是和一定的关系；

（2）小数除大数得4，换句话说，便是大数是小数的4倍，倍数一定的关系。

由（1）得图4-2中的 AB，由（2）得图4-2中的 OD。AB 和 OD 交于 E。由 E 横看得16，竖看得4。大数16，小数4，就是所求的答案。

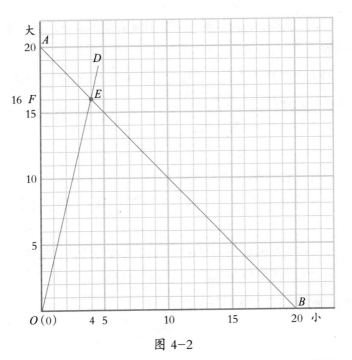

图 4-2

"你们试着由图上观察，发现本题的计算法，和计算这类题的公式。"马先生一边画图，一边说。

大家都睁着双眼盯着黑板，还算周学敏勇敢："*OA* 是两数的和，*OF* 是大数，*FA* 是小数。"

"好！*FA* 是小数。"马先生好像对周学敏的这个发现感到惊异，"那么，*OA* 里一共有几个小数？"

"5 个。"周学敏说。

"5 个？从哪里来的？"马先生有意地问。

"*OF* 是大数，大数是小数的 4 倍。*FA* 是小数，*OA* 等于 *OF* 加上 *FA*。4 加 1 是 5，所以有 5 个小数。"王有道回答。

"那么，本题应当怎样计算呢？"马先生问。

"用5去除20得4，是小数；用4去乘4得16，是大数。"我回答。

马先生静默了一会儿，提起笔在黑板上一边写，一边说："要这样，在理论上才算完全。"

$20 \div (4+1) = 4$ 为小数，

$4 \times 4 = 16$ 为大数。

马先生接着又问："公式呢？"

大家差不多一同说："和÷（倍数＋1）＝小数，小数×倍数＝大数。"

例3：大小两数的差是6，大数是小数的3倍，求两数。

马先生将题目写出以后，一声不响地随即将图（图4-3）画出，便问："大数是多少？"

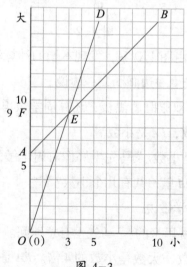

图 4-3

"9！"大家齐声回答。

"小数呢？"

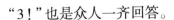

"3！"也是众人一齐回答。

"在图上，OA 是什么？"

"两数的差。"周学敏答道。

"OF 和 AF 呢？"

"OF 是大数，AF 是小数。"我抢着说。

"OA 中有几个小数？"

"3 减 1 个！"王有道不甘示弱地争着回答。

"周学敏，这题的算法怎么样？"

"6÷（3-1）=6÷2=3（小数），3×3=9（大数）。"

"李大成，计算这类题的公式呢？"马先生表示默许以后说。

"差÷（倍数-1）=小数，小数×倍数=大数。"

例 4：周敏和李成分 32 个铜板，周敏得的比李成得的 3 倍少 8 个，各得几个？

马先生在黑板上写完这道题目，板起脸望着我们，大家不禁哄堂大笑，但是不久就静默下来，望着他。

马先生："这回，老文章有点难套用了，是不是？第一个条件两人分 32 个铜板，这是'和一定的关系'，这条线自然容易画。第二个条件却是含有倍数和差，困难就在这里。王有道，表示这第二个条件的线怎样画？"

王有道有些为难了，紧紧地闭着双眼思索，右手的食指不停地在桌上画来画去。

马先生说："西洋镜戳穿了，原是不值钱的。只要想想昨天讲过的三个例子的画线法，本质上毫无分别。现在无妨先来解决这样一个问题，'甲数比乙数的 2 倍多 3 个'，怎样用线表示出来？"

"连接它们成一条直线，现在仍旧可以依样画葫芦。用横线表示乙数，纵线表示甲数。"

"甲比乙的 2 倍多 3 个，若乙是 0，甲就是 3，因而得 A 点。若乙是 1，甲就是 5，因而得 B 点。"

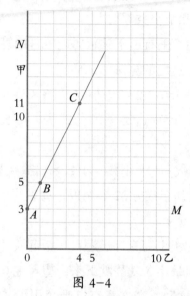

图 4-4

"现在从 AB 上的任意一点，比如 C，横看得 11，竖看得 4，不是正合条件吗？"

"如果将表示小数的横线移到 AM，对于 AM 和 AN 来说，AB 不是正好表示两数定倍数的关系吗？"

"明白了吗？"马先生很庄重地问。

大家只以沉默表示已经明白。接着，马先生又问："那么，表示'周敏得的比李成得的 3 倍少 8 个'，这条线怎么画？周学敏来画画看。"

大家又笑一阵。周学敏在黑板上画成图4-5。

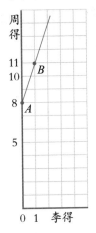

图 4-5

"由这图看来，李成一个铜板不得的时候，周敏得多少？"马先生问。

"8个！"周学敏回答。

"李成得1个呢？"

"11个！"有一个同学回答。

"那岂不是文不对题吗？"这一来大家又呆住了。

毕竟王有道的算学好，他说："题目上是'比3倍少8'，不能这样画。"

"照你的意见，应当怎么画？"马先生问王有道。

"我不知道怎样表示'少'。"王有道说。

"不错，这一点需要特别注意。现在大家想，李成得3个的时候，周敏得几个？"

"1个！"

"李成得4个的时候呢？"

"4个！"

"这样A、B两点都得出来了，连接AB，对不对？"

"对——！"大家露出有点乐得忘形的神气，拖长了声音这样回答，惹得马先生也笑了。

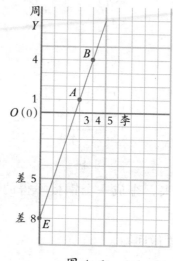

图 4-6

"再来变一变戏法，将AB和OY都向相反方向延长，得交点E。OE是多少？"

"8。"

"这就是'少'的表示法，现在归到本题。"马先生接着画出了图4-7。

"各人得多少？"

"周敏22个，李成10个。"周学敏回答。

"算法呢？"

"（32+8）÷（3+1）=40÷4=10是李成得的数。

$10 \times 3 - 8 = 30 - 8 = 22$ 是周敏得的数。"我说。

"公式是什么?"

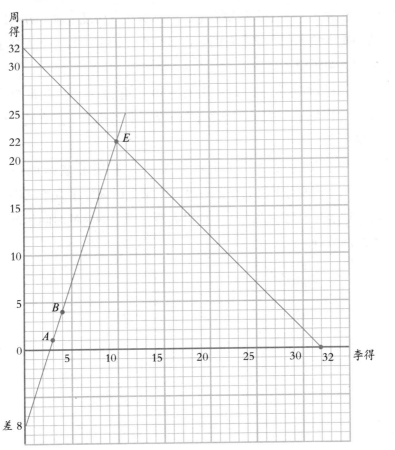

图 4-7

好几个人回答:"（总数＋少数）÷（倍数＋1）＝小数，小数×倍数－少数＝大数。"

例5：两数的和是17，大数的3倍与小数的5倍的和是63，两数各是多少?

"我用这个题来结束这第四段。你们能用画图的方法求出答案来吗？各人都自己算算看。"马先生写完题后这么说。

接着，每一个人都用铅笔、三角板在方格纸上画。方格纸是马先生预先叫大家准备的。这是很奇怪的事，每一个人都比平常上课还用心。

同样都是学习，为什么有人被强迫着，反而总是想偷懒；有的人没人强迫，比较自由，倒是非常用心。这真是一个谜啊！

和小学生交语文作业给老师看，期望着老师说一声"好"，便回到座位上誊正一般，大家先后画好了拿给马先生看。这也是奇迹，八九个人全没有错，而且画完的时间相差也不过两分钟。

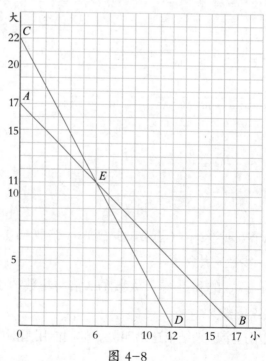

图 4-8

这使马先生感到愉快，从他脸上的表情就可以看出来。不用说，各人的图，除了线有粗细以外，全是一样，简直像印版印的一样。

大家回到座位上坐下来，静候马先生讲解。他却不讲什么，突然问王有道："王有道，这道题用算术的方法怎样计算？你来给我代课，讲给大家听。"马先生说完了就走下讲台，让王有道去做临时老师。

王有道虽然有点腼腆，但是最终还是拖着脚上了讲台，拿着粉笔，硬是做起先生来。

"两数的和是17，换句话说，就是：大数的1倍与小数的1倍的和是17，所以用3去乘17，得出来的便是：大数的3倍与小数的3倍的和。"

"题目上第二个条件是大数的3倍与小数的5倍的和是63。所以，如果从63里面减去3乘17，剩下来的数里，只有'5减去3'个小数了。"王有道很神气地说完这几句话后，便默默地在黑板上写出下面的式子，写完低着头走下讲台。

$(63-17×3)÷(5-3)=12÷2=6$ 为小数，

$17-6=11$ 为大数。

马先生接着上了讲台："这个算法，你们大概都懂得了吧？我想你们依了前几个例子的样，一定要问'这个算法怎样从图（图4-8）上可以观察出来呢？'这个问题却把我难住了。我只好回答你们，这是没有法子的。

"你们已学过了一点代数，知道用方程来解算术中的四则问题。有些题目，也可以由方程的计算，找出算术上的算法，并且对算法加以解释。

"但是有些题目，要这样做却很勉强，而且有些简直勉强不来。各种方法都有各自的立场，这里不能和前几个例子一样，由图上找出算术中的计算法，也就因为这个。

"不过，这种方法比较具体而且确定，所以用来解决问题比较方便。用它虽有时不能直接得出算术的计算方法，但是一个题已有了答案总比较易于推敲一点。对于算术方法的思索，这也是它的一种好处。

"这一课就这样结束吧！"

基本公式与例题

和差倍问题是小学数学一个重要的知识点，也是各种杯赛比较热衷的考点，所以我们必须花工夫去掌握它。

1. 和差问题

已知两个数量的和与差，求这两个数量各是多少，这类应用题叫和差问题。

其实，解和差问题，还有一段顺口溜：

> 和加上差，越加越大；除以2，便是大的；
>
> 和减去差，越减越小；除以2，便是小的。

和差问题的解题公式：

$$大数 = （和 + 差）\div 2$$
$$小数 = （和 - 差）\div 2$$

例1：甲乙两班共有学生98人，甲班比乙班多6人，求两班各有多少人。

解：甲班人数为（98＋6）÷2＝52（人），

乙班人数为（98－6）÷2＝46（人）。

答：甲班有52人，乙班有46人。

例2：长方形的长和宽之和为18厘米，长比宽多2厘米，求长方形的面积。

解：长为（18＋2）÷2＝10（厘米），

宽为（18-2）÷2=8（厘米），

长方形的面积为10×8=80（平方厘米）。

答：长方形的面积为80平方厘米。

2. 和倍问题

已知两个数的和及大数是小数的几倍（或小数是大数的几分之几），要求这两个数各是多少，这类应用题叫和倍问题。

总和÷（几倍+1）=较小的数

总和-较小的数=较大的数

较小的数×几倍=较大的数

例1：果园里有杏树和桃树共248棵，桃树的棵数是杏树的3倍，求杏树、桃树各多少棵。

解：杏树有248÷（3+1）=62（棵），

桃树有62×3=186（棵）。

答：杏树有62棵，桃树有186棵。

例2：东西两个仓库共存粮480吨，东仓库存粮数是西仓库存粮数的1.4倍，求两库各存粮多少吨。

解：西仓库有480÷（1.4+1）=200（吨），

东仓库有480-200=280（吨）。

答：东仓库存粮280吨，西仓库存粮200吨。

例3：甲班和乙班共有图书160本，甲班的图书本数是乙班的3倍，甲班和乙班各有图书多少本？

解：乙班有160÷（3+1）=40（本），

甲班有40×3=120（本）。

答：甲班有图书120本，乙班有图书40本。

3. 差倍问题

已知两个数的差及大数是小数的几倍（或小数是大数的几分之几），要求这两个数各是多少，这类应用题叫作差倍问题。

$$两个数的差 \div （几倍 - 1） = 较小的数$$

$$较小的数 \times 几倍 = 较大的数$$

例1：果园里桃树的棵数是杏树的3倍，而且桃树比杏树多124棵。杏树、桃树各多少棵？

解：杏树有 $124 \div （3 - 1） = 62$（棵），

桃树有 $62 \times 3 = 186$（棵）。

答：杏树有62棵，桃树有186棵。

例2：爸爸比儿子大27岁，今年，爸爸的年龄是儿子年龄的4倍，父子二人今年的年龄分别是多少岁？

解：儿子年龄为 $27 \div （4 - 1） = 9$（岁），

爸爸年龄为 $9 \times 4 = 36$（岁）。

答：父子二人今年的年龄分别是36岁和9岁。

例3：光明小学开展冬季体育比赛，参加跳绳比赛的人数是踢毽子人数的3倍，且比踢毽子的多36人。参加跳绳和踢毽子比赛的各有多少人？

解：踢毽子的有 $36 \div （3 - 1） = 18$（人），

跳绳的有 $18 \times 3 = 54$（人）。

答：参加跳绳比赛的有54人，踢毽子比赛的有18人。

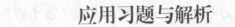

应用习题与解析

1. 基础练习题

（1）两筐水果共重150千克，第一筐比第二筐多8千克，两筐水果各多少千克？

考点：和差问题。

分析：有两种方法，方法一，假设第二筐重量和第一筐的相等，两筐共重150＋8＝158（千克）；方法二，假设第一筐重量和第二筐的相等，两筐共重150－8＝142（千克）。

解：（方法一）

第二筐的重量：

（150－8）÷2＝71（千克）。

第一筐的重量：

71＋8＝79（千克）或150－71＝79（千克）。

（方法二）

第一筐的重量：

（150＋8）÷2＝79（千克）。

第二筐的重量：

79－8＝71（千克）或150－79＝71（千克）。

答：第一筐重79千克，第二筐重71千克。

（2）今年小强7岁，爸爸35岁，当两人年龄和是58岁时，两人年龄各多少岁？

考点：和差问题。

分析：题中没有给出小强和爸爸年龄之差，但是已知两人

今年的年龄，那么今年两人的年龄差是35-7=28（岁）。不论过多少年，两人的年龄差是保持不变的。所以，当两人年龄和为58岁时他们年龄差仍是28岁。根据和差问题的解题思路就能解此题。

解：爸爸的年龄：

$$[58+(35-7)]÷2$$
$$=[58+28]÷2$$
$$=86÷2$$
$$=43（岁）。$$

小强的年龄：

$$58-43=15（岁）。$$

答：当父子两人的年龄和是58岁时，小强15岁，他爸爸43岁。

（3）小明期末考试的语文和数学的平均成绩是94分，数学比语文多8分，问语文和数学各得了多少分？

考点：和差问题。

分析：解和差问题的关键就是知道和与差，这道题中数学与语文成绩之差是8分，但是数学和语文成绩之和没有直接告诉我们。可是，条件中给出了两科的平均成绩是94分，这就可以求得这两科的总成绩。

解：语文和数学成绩之和：

$$94×2=188（分）。$$

数学的成绩：

$$（188+8）÷2$$
$$=196÷2$$

=98（分）。

语文的成绩：

（188-8）÷2

=180÷2

=90（分）

或98-8=90（分）。

答：小明期末考试语文得90分，数学得98分。

（4）甲、乙两校共有学生864人，为了照顾学生就近入学，从甲校调入乙校32名学生，这样甲校学生还比乙校多48人，问甲、乙两校原来各有学生多少人？

考点：和差问题。

分析：甲、乙两校学生人数的和是864人，根据由甲校调入乙校32人，这样甲校比乙校还多48人可以知道，原来甲校比乙校多32×2+48=112（人）。112是两校人数的差。

解：乙校原有学生：

（864-32×2-48）÷2

=（864-64-48）÷2

=752÷2

=376（人）。

甲校原有学生：

864-376=488（人）。

答：甲校原有学生488人，乙校原有学生376人。

（5）爸爸妈妈今年年龄之和为71岁，10年后爸爸比妈妈大5岁，今年妈妈多少岁，爸爸多少岁？

考点：和差问题。

分析：首先明确，爸爸比妈妈大的年龄是不变的。

解：爸爸年龄：（71＋5）÷2＝38（岁）。

妈妈年龄：（71－5）÷2＝33（岁）。

答：今年妈妈33岁，爸爸38岁。

（6）今年小玲8岁，她父亲36岁，当两人年龄和是62岁时，两人年龄各多少岁？

考点：和差问题。

分析：首先明确，父亲与小玲的年龄差是不变的。在年龄问题中必须记住两人的年龄差不变这个解题关键。题中没有给出父亲和小玲的年龄之差，但是已知两人今年的年龄，那么两人的年龄差是36－8＝28（岁），不论再过多少年，两人的年龄差是保持不变的，所以当两人年龄和为62岁时，他们的年龄差仍是28岁，根据和差问题就可解此题。

解：父亲的年龄：

　　[62＋（36－8）]÷2

＝（62＋28）÷2

＝90÷2

＝45（岁）。

小玲的年龄：62－45＝17（岁）。

答：当两人年龄和是62岁时，父亲的年龄是45岁，小玲的年龄是17岁。

（7）哥哥和弟弟3年后的年龄和是27岁，弟弟今年的年龄正好是哥哥和弟弟两人年龄的差。哥哥和弟弟今年各多少岁？

考点：和倍问题。

分析：从题中"哥哥和弟弟两人 3 年后年龄和是 27 岁"这句话，可以求出哥哥和弟弟今年的年龄和是 $27-3 \times 2=21$（岁），从"弟弟今年的年龄正好是哥哥和弟弟两人的年龄差"，即哥哥年龄 - 弟弟年龄 = 弟弟年龄。可以知道哥哥今年的年龄是弟弟年龄的 2 倍，弟弟年龄是哥哥年龄的 $\dfrac{1}{2}$。

解：（方法一）

弟弟今年的年龄为（$27-3 \times 2$）$\div$（$1+2$）$=7$（岁），

哥哥今年的年龄为 $7 \times 2=14$（岁）。

（方法二）

$（27-3 \times 2） \div \left(1+\dfrac{1}{2}\right)=14$（岁），

$14 \times \dfrac{1}{2}=7$（岁）。

答：哥哥今年的年龄是 14 岁，弟弟今年的年龄是 7 岁。

（8）小红和妈妈的年龄加在一起是 40 岁，妈妈年龄是小红年龄的 4 倍，小红和妈妈各多少岁？

考点：和倍问题。

分析：如果把小红的年龄作为 1，妈妈的年龄是小红年龄的 4 倍，那么小红和妈妈的年龄和就相当于小红年龄的 $1+4=5$ 倍，即 40 岁是小红年龄的 5 倍，这样就可以求出 1 倍量是多少，也就可以求出几倍量（4 倍）是多少了。

解：$4+1=5$，

$40 \div 5=8$（岁），

$8 \times 4=32$（岁）。

答：小红的年龄是 8 岁，妈妈的年龄是 32 岁。

（9）爸爸15年前的年龄相当于儿子12年后的年龄，当爸爸的年龄是儿子的4倍时，爸爸多少岁？

考点：差倍问题。

分析：根据"爸爸15年前的年龄相当于儿子12年后的年龄"知，爸爸的年龄－15＝儿子的年龄＋12。由此即可求出爸爸比儿子大的岁数，又因为年龄差不会随时间变化，所以根据差倍公式即可求出爸爸的年龄。

解：爸爸比儿子大的岁数为：

$15 + 12 = 27$（岁）。

爸爸的年龄是儿子的4倍时，爸爸应该比儿子大

$4 - 1 = 3$倍。

儿子的年龄为：

$27 ÷ 3 = 9$（岁）。

爸爸的年龄为：

$9 × 4 = 36$（岁）。

答：当爸爸年龄是儿子的4倍时，爸爸36岁。

（10）王师傅一天生产的零件比他的徒弟一天生产的零件多128个，且是徒弟的3倍。师徒二人一天各生产多少个零件？

考点：差倍问题。

分析：师徒二人一天生产的零件的"差"是128个。小数（即"1倍"数）是徒弟一天生产的零件数，"倍数"为3。由差倍公式可以求解。

解：徒弟一天生产零件：

$128 ÷ (3 - 1) = 64$（个）。

师傅一天生产零件：

128＋64＝192（个）或64×3＝192（个）。

答：徒弟、师傅一天分别生产零件64个和192个。

（11）两根电线的长相差30米，长的那根的长是短的那根的长的4倍。这两根电线各长多少米？

考点：差倍问题。

分析：这题的"差"为30，倍数是4。

解：短的电线长30÷（4－1）＝10（米）。

　　　长的电线长10＋30＝40（米）或10×4＝40（米）。

答：短的电线长10米，长的电线长40米。

2. 提高练习题

（1）某粮店购进大米和面粉共24吨，已知大米比面粉多6吨。这个粮店购进大米和面粉各多少吨？

考点：和差问题。

分析：根据题意，大米和面粉共24吨，大米比面粉多6吨，如果给面粉添上6吨，总质量为（24＋6）吨，正好是大米质量的2倍，可以用除法求出大米的质量。同样的道理，把大米质量减去6吨，这时的总质量为（24－6）吨，正好是面粉质量的2倍。

解：（方法一）

　　　大米质量为（24＋6）÷2＝15（吨），

　　　面粉质量为24－15＝9（吨）。

　　　（方法二）

　　　面粉质量为（24－6）÷2＝9（吨），

　　　大米质量为24－9＝15（吨）。

答：这个粮店购进大米15吨，面粉9吨。

（2）登月行动地面控制室的成员由两组专家组成，两组共有专家120名，原来第一组人太多，所以从第一组调了20人到第二组，这时第一组和第二组人数一样多，那么原来第二组有多少名专家？

考点：和差问题。

分析：根据题意，从第一组调了20人到第二组，这时第一组和第二组人数一样多，说明原来第一组比第二组多$20+20=40$人，然后再根据小数＝（和－差）÷2的数量关系算出第二组人数。

解：（$120-20\times2$）÷2

$\qquad=80\div2$

$\qquad=40$（名）。

答：原来第二组有40名专家。

（3）某工厂第一、二、三车间共有工人280人，第一车间比第二车间多10人，第二车间比第三车间多15人，三个车间各有多少人？

考点：和差问题。

分析：根据题意，第一车间比第二车间多10人，第二车间比第三车间多15人，那么第一车间就比第三车间多25人，由此可先算第三车间的人数。

解：第三车间的人数为：

（$280-25-15$）÷3＝80（人）。

第二车间的人数为：

$80+15=95$（人）。

第一车间的人数为：

95＋10＝105（人）。

答：第一车间有 105 人，第二车间有 95 人，第三车间有 80 人。

（4）有甲、乙、丙三袋化肥，甲、乙两袋共重 32 千克、乙、丙两袋共重 30 千克，甲、丙两袋共重 22 千克。三袋化肥各重多少千克？

考点：和差问题。

分析：根据题意，甲、乙两袋和乙、丙两袋都含有乙袋，从中可以看出甲袋比丙袋多 32－30＝2（千克），所以甲袋的质量和丙袋的质量相比，甲袋的质量是大数，丙袋的质量是小数，根据"大数＝（和＋差）÷2"或"小数＝（和－差）÷2"，求出甲袋或丙袋的质量，从而就能求出乙袋的质量。

解：32－30＝2（千克），

甲袋化肥的质量：

（22＋2）÷2＝12（千克）。

丙袋化肥的质量：

（22－2）÷2＝10（千克）。

乙袋化肥的质量：

32－12＝20（千克）或 30－10＝20（千克）。

答：甲袋化肥重 12 千克，乙袋化肥重 20 千克，丙袋化肥重 10 千克。

（5）甲、乙两仓库共存粮 264 吨，甲仓库存粮是乙仓库存粮的 10 倍。甲、乙两仓库各存粮多少吨？

考点：和倍问题。

分析：把甲仓库存粮数看成"大数"，乙仓库存粮数看成"小数"，根据和倍公式即可求解。

解：乙仓库存粮 264÷（10+1）=24（吨），

甲仓库存粮 264－24=240（吨），

或 24×10=240（吨）。

答：乙仓库存粮 24 吨，甲仓库存粮 240 吨。

（6）甲、乙两辆汽车在相距 360 千米的两地同时出发，相向而行，2 小时后两车相遇。已知甲车的速度是乙车速度的 1.5 倍。甲、乙两辆汽车平均每小时各行驶多少千米？

考点：和倍问题。

分析：已知甲车速度是乙车速度的 1.5 倍，所以"1 倍"数是乙车的速度。现只需知道甲、乙汽车的速度和，就可用"和倍公式"了。由题意知两辆车 2 小时共行驶 360 千米，故 1 小时共行驶 360÷2=180 千米，这就是两辆车的速度和。

解：乙车的速度为：

（360÷2）÷（1.5+1）=72（千米/时）。

甲车的速度为：

72×1.5=108（千米/时），

或 180－72=108（千米/时）。

答：甲车平均每小时行驶 108 千米，乙车平均每小时行驶 72 千米。

（7）甲队有 45 人，乙队有 75 人。甲队要调入乙队多少人，乙队人数才是甲队人数的 3 倍？

考点：和倍问题。

分析：容易求得"两数之和"为 45+75=120（人）。如果从"乙队人数才是甲队人数的3倍"推出"1倍"数（即小数）是"甲队人数"那就错了，从75不是45的3倍也知是错的。这个"1倍"数是谁？根据题意，应是调动后甲队的剩余人数。倍数关系也是调动后的人数关系，即"调入人后的乙队人数"是"调走人后甲队剩余的人数"的3倍。因此（45＋75）就是甲队剩下人数的3＋1＝4倍。从而，甲队调走人后剩下的人数就是"1倍"数。由和倍公式可以求解。

解：甲队调动后剩下的人数为：

（45＋75）÷（3＋1）＝30（人）。

故甲队调入乙队的人数为：

45－30＝15（人）。

答：甲队要调15人到乙队。

（8）妹妹有书24本，哥哥有书53本。要使哥哥的书是妹妹的书的6倍，妹妹应给哥哥多少本书？

考点：和倍问题。

分析：仿照第7题的分析可得如下解法。

解：兄妹图书总数是妹妹给哥哥一些书后，妹妹剩下图书的（6＋1）倍，根据和倍公式：

妹妹剩下（53＋24）÷（6＋1）＝11（本）。

故妹妹给哥哥的书为24－11＝13（本）。

答：妹妹给哥哥13本书。

（9）大白兔和小灰兔共采摘了蘑菇160个。后来大白兔把它的蘑菇给了其他白兔20个，而小灰兔自己又采了10个。这时，大白兔的蘑菇是小灰兔的5倍。原来大白兔和小灰兔各采了多少个蘑菇？

考点：和倍问题。

分析：这道题仍是和倍应用题，因为有"和"、有"倍数"。但这里的"和"不是160，而是160-20+10=150，"1倍"数却是"小灰兔又自己采了10个后的蘑菇数"。根据和倍公式，可求小灰兔现有蘑菇（即"1倍"数）。

解：（160-20+10）÷（5+1）=25（个），

故小灰兔原有蘑菇25-10=15（个），

大白兔原有蘑菇160-15=145（个）。

答：原来大白兔采蘑菇145个，小灰兔采了15个。

（10）四年级组织去秋游欣赏胡杨美景，学生的人数是老师的4倍，学生比老师多48人。秋游的老师和学生各有多少人？

考点：差倍问题。

分析：解答此类问题先分清大小数，根据题意我们可以得知老师人数是1倍数。通过所画图（图4.2-1）可以看到学生比老师多3倍（或3份），这3倍对应48人，每份对应的人数也就是1倍数，即老师的人数，因此可以先计算1倍数，48÷（4-1）=16（人）。大数（学生人数）为16×4=48+16=64（人）。

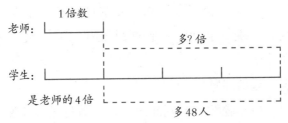

图 4.2-1

解：老师人数为 48÷（4−1）=16（人），

学生人数为 16×4=64（人）。

答：参加秋游的老师有 16 人，学生有 64 人。

（11）小明到市场去买水果，他买的苹果个数是梨的 3 倍，苹果比梨多 18 个。小明买苹果和梨各多少个？

考点：差倍问题。

分析：将梨的个数看作 1 倍数，则苹果的个数是这样的 3 倍，如图 4.2−2 所示。

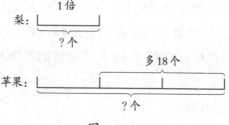

图 4.2−2

从线段图上可以看出，苹果的个数比梨多了 3−1=2 倍，梨的 2 倍是 18 个，由此求出梨和苹果的个数。

解：梨有 18÷（3−1）=9（个），

苹果有 9×3=27（个）。

答：梨有 9 个，苹果有 27 个。

（12）东风粮仓有大米和小麦两种粮食，小麦比大米多 3900 千克，小麦的重量比大米的 2 倍还多 100 千克，大米和小麦各多少千克？

考点：差倍问题。

分析：根据题意我们判断出大米的数量是 1 倍数，并通过题意画图。从图 4.2−3 可以看出，如果小麦减少 100 千克，那么小麦的重量就是大米的2倍，3900－100=3800（千克）就对应小麦重量比大米重量多2－1=1倍。所以，大米有3800÷1=3800（千克），小麦有3800×2+100=7700（千克）。解答本类题型我们要找出多余倍数所对应的数量很关键。

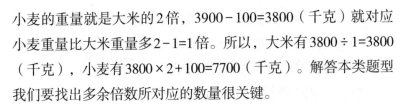

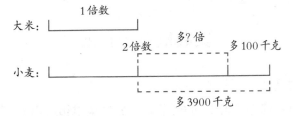

图 4.2-3

解：大米有：（3900－100）÷（2－1）

$\qquad$ ＝3800÷1

$\qquad$ ＝3800（千克），

小麦有：3800×2+100

$\qquad$ ＝7600+100

$\qquad$ ＝7700（千克）。

答：有大米3800千克，小麦7700千克。

（13）粮库有94吨小麦和138吨玉米，如果每天运出小麦和玉米各9吨，几天后剩下的玉米是小麦的3倍？

考点：差倍问题。

分析：由于每天运出的小麦和玉米的重量相等，所以剩下的重量差等于原来的重量差（138－94）。把几天后剩下的小麦看作1倍量，则几天后剩下的玉米就是3倍量，那么（138－94）就相当于（3－1）倍，由此，可求出剩下的小麦重量。

解：剩下的小麦重量为（138－94）÷（3－1）＝22（吨），

运出的小麦重量为94－22＝72（吨），

运粮的天数为72÷9＝8（天）。

答：8天以后剩下的玉米是小麦的3倍。

奥数例题与拓展

1. 典例精讲

例1：两箱茶叶共重96千克，如果从甲箱取出12千克放入乙箱，那么乙箱的重量是甲箱的3倍。两箱原来各有茶叶多少千克？

分析：由"两箱茶叶共重96千克，如果从甲箱取出12千克放入乙箱，那么乙箱的千克数是甲箱的3倍"可求出现在甲箱中有茶叶96÷（1＋3）＝24（千克）。由此可求出两箱茶叶的重量。

解：取出12千克后，甲箱有96÷（1＋3）＝24（千克），

甲箱原来有茶叶24＋12＝36（千克），

乙箱原来有茶叶96－36＝60（千克）。

答：甲箱原来有茶叶36千克，乙箱原来有茶叶60千克。

例2：甲、乙、丙三个同学做数学题，已知甲比乙多做5道，丙做的是甲的2倍，比乙多做20道。他们一共做了多少道数学题？

分析：甲比乙多5道，丙比乙多20道，丙做的是甲的2倍，因此，20－5＝15（道）是丙的一半，也就是甲做的数量。丙做了15×2＝30（道），乙做了15－5＝10（道）。

解：（20-5）×（1+2）+[（20-5）-5]=55（道）。

答：他们一共做了55道数学题。

例3：甲的存款是乙的4倍，如果甲取出110元，乙存入110元，那么乙的存款是甲的3倍。甲、乙原来各有存款多少元？

分析：由"乙存入110元，甲取出110元"，可知乙存入110元后相当于甲存款数的3倍；而由甲的存款是乙的4倍，可知甲原有存款的3倍相当于乙原有存款的4×3=12（倍），乙现在存入110元后相当于乙原有的12倍减去110×3=330（元），所以，330+110=440（元）相当于乙原有的12-1=11（倍）。由此算出甲、乙原来的存款数。

解：110×3=330（元），330+110=440（元），

乙原有存款440÷（4×3-1）=40（元），

甲原有存款40×4=160（元）。

答：甲原有存款160元，乙原有存款40元。

例4：两辆车拉大米和面粉，面粉比大米多2900千克，面粉的重量比大米的2倍还多100千克，两辆车里大米和面粉各有多少千克？

分析：如果面粉减去100千克，那么面粉就是大米的2倍，2900-100就是大米的2-1=1（倍），那么我们就能算出大米的重量为（2900-100）÷（2-1）=2800（千克），面粉就是2800+2900=5700（千克）

解：大米有（2900-100）÷（2-1）=2800（千克），

面粉有2800+2900=5700（千克）。

答：车里大米有2800千克，面粉有5700千克。

例5：甲乙两根绳子，甲绳长63米，乙绳长29米，两根绳剪去同样的长度，结果甲所剩的长度是乙绳长的3倍。甲乙两绳各剩多少米？各剪去多少米？

分析：两根绳子剪去相同的一段，长度差没变，甲绳所剩的长度是乙绳的3倍，比乙绳多（3-1）倍，以乙绳的长度为标准数。

解：（方法一）

乙绳剩下的长度（63-29）÷（3-1）=17（米），

甲绳剩下的长度17×3=51（米），

剪去的长度29-17=12（米）。

（方法二）

设减去x米，那么（63-x）÷（29-x）=3。

解得x=12。

所以甲剩：63-12=51（米），

乙剩：29-12=17（米）。

答：甲乙两绳所剩长度分别为51米和17米，两绳各剪去12米。

例6：汽车运输场有大小货车共115辆，大货车比小货车的5倍多7辆，运输场有大货车和小货车各多少辆？

分析：大货车比小货车的5倍还多7辆，这7辆也在总数115辆内，为了使总数与（5+1）倍对应，总车辆数应为（115-7）辆。

解：小货车数为（115-7）÷（5+1）=18（辆），

大货车数为18×5+7=97（辆）。

答：运输场有大货车和小货车各97辆和18辆。

2. 思维拓展训练

（1）同学们比赛吹气球，女生比男生少吹了20个，男女生共吹了240个。男女生各吹了多少个气球？

分析：可以先计算男生所吹气球数，再算女生所吹气球数。也可以先算女生所吹气球数，再算男生所吹气球数。下面给出两种解题方法以及线段图的两种画法。

解：（方法一）先算男生。

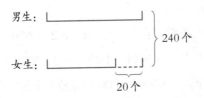

图 4.3-1

男生所吹气球数：（240+20）÷2=130（个），

女生所吹气球数：130-20=110（个）。

（方法二）先算女生。

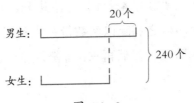

图 4.3-2

女生所吹气球数：（240-20）÷2=110（个），

男生所吹气球数：110+20=130（个）。

答：女生吹了110个气球，男生吹了130个气球。

（2）甲、乙两生产组共收小麦9600千克，若甲组给乙组800千克，则两组收小麦重量相等，两组各收小麦多少千克？

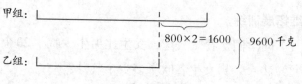

图 4.3-3

分析：这个问题的和直接告诉我们了，差却没有直接告诉，但是也容易算。题中若甲组给乙组 800 千克，则两组重量相等，说明甲组原来比乙组多 800 × 2 = 1600（千克）。这里给出先算乙组的方法。

解：甲组比乙组多的重量为 800 × 2 = 1600（千克），

乙组小麦：（9600 − 1600）÷ 2 = 4000（千克）。

甲组小麦：9600 − 4000 = 5600（千克）。

答：甲组收小麦 5600 千克，乙组收小麦 4000 千克。

（3）甲、乙两班共有图书 100 本，乙班图书数量是甲班的 4 倍。甲、乙两班各有图书多少本？

分析：关键在确定 1 份这个标准量。如果把甲班图书本数看作 1 份，那么乙班就是 4 个 1 份，甲班和乙班份数之和就是（1 + 4）份，用两数之和除以两数份数之和就可以求 1 份量，就是甲班图书的数量，然后再求出 4 份是多少，也就是乙班图书的本数。

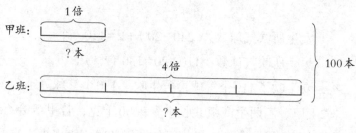

图 4.3-4

解：甲班和乙班图书份数之和是 $1+4=5$，

　　甲班图书本书是 $100÷5=20$（本），

　　乙班图书本数是 $20×4=80$（本）

　　或 $100-20=80$（本）。

　　综合算式：

　　$100÷（1+4）=20$（本），

　　$20×4=80$（本）。

答：甲班有图书20本，乙班有图书80本。

（4）男生、女生共植树180棵，其中男生植树的数量比女生植树数量的3倍少20棵。男生、女生各植树多少棵？

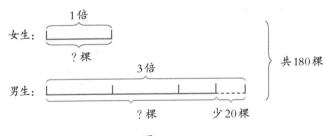

图 4.3-5

分析：把女生植树棵数看作1倍量，如果男生的植树棵数增加20棵，那么男生植树棵数就正好是女生植树棵数的3倍，这时男生和女生植树棵树的总数也增加了20棵，变成了 $180+20=200$（棵），正好是女生植树棵数的4倍，从而求出女生植树棵数。

也可以理解为：男生女生植树的总数180棵加上少的20棵后，总棵数正好是女生的4倍，从而求出女生植树棵数。

解：男生和女生4倍数所对应的总棵数：

　　$180+20=200$（棵）。

男生和女生的总份数：1+3=4。

女生植树棵数：200÷4=50（棵）。

男生植树棵数：50×3-20=130（棵）。

综合算式：

（180+20）÷（1+3）

=200÷4

=50（棵），

50×3-20=130（棵）。

答：女生植树50棵，男生植树130棵。

（5）一部书有上、中、下三册。上册比中册的页数少20页，下册比上册多40页，已知这部书一共有1560页，上、中、下三册各有多少页？

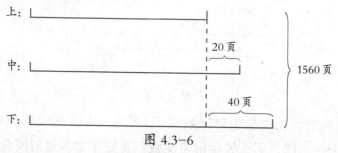

图 4.3-6

分析：如图 4.3-6，上册比中册的页数少20页，下册比上册多40页，那么，用总页码减去中册和下册比上册多的页数，页码除以3，就可以求出上册页码。

解：上册页数：（1560-20-40）÷3=500（页）。

中册页数：500+20=520（页）。

下册页数：500+40=540（页）。

答：上册500页，中册520页，下册540页。

（6）六年级的同学参加兴趣小组，已知参加语文小组的同学比参加数学小组的多26人，且语文小组的人数比数学小组人数的3倍少14人，参加两类兴趣小组的同学各有多少人？

分析：语文小组比数学小组多26人，且语文小组人数比数学小组人数的3倍少14人，如果语文小组增加14人，就是数学小组人数的3倍，而这时两个小组的人数差就转化为26+14=40（人），这就转化成差倍问题。

解：数学小组的人数为：

（26+14）÷（3-1）=40÷2=20（人）。

语文小组的人数为：

20+26=46（人）。

答：数学小组有20人，语文小组有46人。

（7）甲、乙两车原来共装苹果97筐，从甲车取下14筐放到乙车上，结果甲车比乙车多3筐。两车原来各装苹果多少筐？

分析：由"从甲车取下14筐放到乙车上，结果甲车比乙车还多3筐"可知，甲车装的筐数是大数，乙车装的筐数是小数，甲车装的筐数与乙车装的筐数的差是（14×2+3）筐，甲车装的筐数与乙车装的筐数的和是97筐。因此，甲车装的筐数是（97+14×2+3）÷2=64（筐），乙车装的筐数是97-64=33（筐）。

解：甲车有（97+14×2+3）÷2=64（筐），

乙车有97-64=33（筐）。

答：甲车原来装苹果64筐，乙车原来装苹果33筐。

（8）李师傅生产的零件个数是徒弟的6倍，如果两人各再生产20个，那么李师傅生产的零件个数是徒弟的4倍。两人原来各生产零件多少个?

分析:如果徒弟再生产20个,李师傅再生产20×6=120(个),那么,李师傅现在生产的个数仍是徒弟的6倍。但实际上李师傅少生产了20×6-20=100(个),这100个就是徒弟现有个数的6-4=2(倍)。

解:徒弟原来生产的个数:

$$(20×6-20)÷(6-4)-20$$
$$=(120-20)÷2-20$$
$$=100÷2-20$$
$$=50-20$$
$$=30(个)。$$

李师傅原来生产的个数为30×6=180(个)。

答:李师傅原来生产零件180个,徒弟原来生产零件30个。

课外练习与答案

1. 基础练习题

(1)有甲、乙两筐苹果,甲筐苹果重15千克,乙筐苹果比甲筐的3倍多5千克,乙筐苹果重多少千克?

(2)有两组人员,共有125名,原来第一组人数较多,所以从第一组调了20名到第二组,第一组人数仍比第二组多5名。原来第一组有多少人?

(3)小米在玩具店看中了两件汽车模型,如果两件都买,一共需要400元,已知这两件模型相差60元,这两件模型各需要多少钱?

（4）甲、乙两位火炬手负责把火炬从 A 地传递到 B 地，先由甲从 A 地出发，并在途中将火炬传递给乙，乙接过火炬后继续慢跑前往 B 地。已知 A、B 两地相距 2400 米，并且甲比乙多跑了 600 米。甲跑了多少米?

（5）纺织厂有职工 480 人，其中女职工人数是男职工人数的 3 倍。男、女职工各多少人?

（6）果园中梨树和苹果树共有 67 棵，梨树比苹果树的 2 倍少 2 棵，苹果树有多少棵?

（7）学校合唱队成员中，女生人数是男生的 3 倍，而且女生比男生多 80 人。合唱队里男生和女生各有多少人?

（8）有两款数码相机，一款是高档专业相机，一款是普通家用相机。家用相机价格较低，比专业相机便宜了 4600 元，买 1 台专业相机的钱足够买 4 台家用相机，而且还能剩下 100 元。专业相机的价格是多少?

（9）一场足球比赛中，男性观众人数是女性观众人数的 3 倍。比赛结束后男性观众有 180 人离场，女性观众有 40 人离场，剩下的男性观众与女性观众人数相等。原来男性观众与女性观众各有多少人?

（10）育才小学三年级有三个班，一共有学生 126 人。如果一班比二班多 4 人，二班比三班多 4 人，那么这三个班分别有多少人?

（11）三堆糖果共有 105 颗，其中第一堆糖果的数量是第二堆的 3 倍，而第三堆糖果的数量又比第二堆的 2 倍少 3 颗。第三堆糖果有多少颗?

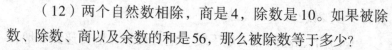

（12）两个自然数相除，商是4，除数是10。如果被除数、除数、商以及余数的和是56，那么被除数等于多少？

2. 提高练习题

（1）有大小两个整千数，大数是小数的3倍，这两个数最高位上的数字的差是6，问这两个整千数各是多少？

（2）已知两个数的商是4，而这两个数的差是39，那么这两个数中较小的一个是多少？

（3）姐妹两人买东西，姐姐带的钱数是妹妹的2倍，姐姐用去180元，妹妹用去30元，这时两人剩下的钱数相等。姐姐原来带了多少钱？

（4）南京长江大桥共分两层，上层是公路桥，下层是铁路桥。铁路桥和公路桥共长11361米，铁路桥比公路桥长2183米。南京长江大桥的公路和铁路桥各长多少米？

（5）甲、乙两筐苹果质量相等，现在从甲筐拿出12千克苹果放入乙筐，结果乙筐苹果的质量比甲筐的3倍少2千克。两筐苹果原来各有多少千克？

（6）少先队一、二、三中队共植树200棵，二中队植树的棵数比一中队的2倍还多5棵，三中队植树的棵数比一、二中队之和多4棵，三个中队各植树多少棵？

（7）三堆苹果共有130个，第二堆的苹果数是第一堆的3倍，第三堆的苹果数比第二堆的2倍还多10个。三堆苹果各有多少个？

（8）三个小组共有180人，一、二两个小组人数之和比第三小组多20人，第一小组比第二小组少2人，求第一小组的人数。

118

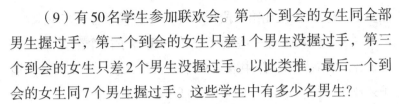

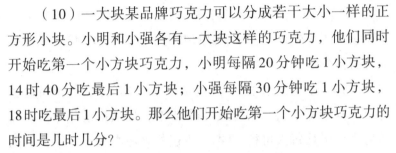

（9）有50名学生参加联欢会。第一个到会的女生同全部男生握过手，第二个到会的女生只差1个男生没握过手，第三个到会的女生只差2个男生没握过手。以此类推，最后一个到会的女生同7个男生握过手。这些学生中有多少名男生？

（10）一大块某品牌巧克力可以分成若干大小一样的正方形小块。小明和小强各有一大块这样的巧克力，他们同时开始吃第一个小方块巧克力，小明每隔20分钟吃1小方块，14时40分吃最后1小方块；小强每隔30分钟吃1小方块，18时吃最后1小方块。那么他们开始吃第一个小方块巧克力的时间是几时几分？

3. 经典练习题

（1）有甲、乙两个书架，甲书架上的书是乙书架的5倍。如果从甲书架上取100本放到乙书架上，这时，甲、乙两个书架上的书就一样多。甲、乙两个书架原来各有多少本？

（2）小明比小红多76本图书，已知小明图书的本数是小红的3倍，小明和小红各有多少本图书？

（3）白兔和灰兔上山采花，白兔比灰兔多采了21朵，并且白兔采的花是灰兔采的花的4倍。它们各采了多少朵花？

（4）一件皮衣的单价是一件羽绒服的5倍，又已知一件皮衣比一件羽绒服贵960元。一件皮衣和一件羽绒服各多少元？

（5）小明的零花钱是小红的4倍，如果小明拿出18元给小红，则两人的零花钱同样多。小明和小红各有多少零花钱？

（6）被除数比除数大252，商是7，被除数、除数各是多少？

（7）把一根100米长的绳子剪成3段，已知第二段比第一段多16米，第三段比第一段少18米。三段绳子各长多少米？

（8）水果店有一些橘子，第一筐橘子的个数是第二筐的3倍，如果从第一筐中取出80个放入第二筐，那么第一筐橘子还比第二筐多40个。原来两筐橘子各有多少个？

（9）小云比小雨少20本书，后来小云给小雨了5本书，小雨新买了6本书，这时小雨的书比小云的书多2倍。原来两人各有多少本书？

（10）某班买来单价为0.5元的练习本若干，如果将这些练习本只给女生，平均每人可得15本；如果将这些练习本只给男生，平均每人可得10本。将这些练习本平均分给全班同学，每人应付多少钱？

（11）在一个减法算式里，被减数、减数与差的和等于120，而减数是差的3倍。差等于多少？

（12）小丽和小荣集邮，小丽邮票的数量是小荣的5倍。如果小丽把自己的邮票给小荣100张，两人邮票的数量正好相等。小丽和小荣各有邮票多少张？

（13）甲筐有梨400个，乙筐有梨240个，现在从两筐取出数目相等的梨，剩下梨的个数，甲筐恰好是乙筐的5倍。甲筐和乙筐各剩下多少梨？

（14）三块布共长220米，第二块布长是第一块的3倍，第三块布长是第二块的2倍，问第一块布长多少米？

答 案

1. 基础练习题

（1）乙筐苹果重50千克。

（2）原来第一组有85人。

（3）这两件模型各需要170元、230元。

（4）甲跑了1500米。

（5）男职工120人，女职工360人。

（6）苹果树有23棵。

（7）合唱队里有男生40人，女生120人。

（8）专业相机的价格是6100元。

（9）原来男性观众有210人，女性观众有70人。

（10）一班46人，二班42人，三班38人。

（11）第三堆糖果有33颗。

（12）被除数等于41。

2. 提高练习题

（1）这两个整千数各是3000、9000。

（2）这两个数中较小的一个是13。

（3）姐姐原来带了300元。

（4）南京长江大桥的公路长4589米，铁路桥长6772米。

（5）两筐苹果原来各有25千克。

（6）一中队植树31棵，二中队植树67棵，三中队植树102棵。

（7）第一堆苹果12个，第二堆苹果36个，第三堆苹果82个。

（8）第一小组的人数是49人。

（9）这些学生中有28名男生。

（10）他们开始吃第一个小方块的时间是8时。

3. 经典练习题

（1）甲书架原来有250本，乙书架原来有50本。

（2）小明有114本书，小红有38本书。

（3）白兔采花28朵，灰兔采花7朵。

（4）一件皮衣1200元，一件羽绒服240元。

（5）小明有48元，小红有12元零花钱。

（6）被除数是294，除数是42。

（7）第一段长34米，第二段长50米，第三段长16米。

（8）第一筐橘子有300个，第二筐橘子有100个。

（9）原来小云有23本书，小雨有43本书。

（10）每人应付3元钱。

（11）差等于15。

（12）小丽有邮票250张，小荣有邮票50张。

（13）甲筐剩下200个梨，乙筐剩下40个梨。

（14）第一块布长22米。